心 灵 探 秘 系 列 丛 书

U0500165

Reasoning
Dream

推理解梦

梦 的 构 思 创 作 原 理

朱杨曹 著

知识产权出版社

全国百佳图书出版单位

图书在版编目（CIP）数据

推理解梦：梦的构思创作原理/朱杨曹著. —北京：知识产权出版社，2019.5
ISBN 978-7-5130-6197-1

Ⅰ. ①推… Ⅱ. ①朱… Ⅲ. ①梦—精神分析 Ⅳ. ①B845.1

中国版本图书馆 CIP 数据核字（2019）第 067667 号

内容提要

与古今中外所有梦著不同，本书真正揭开了梦境的谜底，它解决了梦的两个关键问题：谁是造梦者？梦是怎样构思出来的？本书认为，不是神灵、鬼魂，也不是神秘的所谓的无意识，而是半醒半睡的中枢神经系统在造梦。人人皆知做梦如演戏。是的，做梦就是梦剧的创作和演出。本书发现了梦剧创作的五大规则和六个步骤。这一造梦机制的发现，深入到梦的创作层次，给每个梦例以唯一的确切的答案，这是其他任何梦著未曾达到的深度。本书还揭开了病梦和性梦的神秘面纱，对世人极具启示意义。病梦有预兆作用，性梦原理将为无数人解惑。本书应为家庭必备书，供全家及世代子孙阅读。

责任编辑：韩婷婷　　　　　　　　责任校对：潘凤越
封面设计：易　滨　　　　　　　　责任印制：刘译文

推理解梦
——梦的构思创作原理
朱杨曹　著

出版发行：**知识产权出版社**有限责任公司	网　　址：http://www.ipph.cn
社　　址：北京市海淀区气象路 50 号院	邮　　编：100081
责编电话：010-82000860 转 8359	责编邮箱：176245578@ qq.com
发行电话：010-82000860 转 8101/8102	发行传真：010-82000893/82005070/82000270
印　　刷：北京嘉恒彩色印刷有限责任公司	经　　销：各大网上书店、新华书店及相关专业书店
开　　本：720mm×1000mm　1/16	印　　张：13.5
版　　次：2019 年 5 月第 1 版	印　　次：2019 年 5 月第 1 次印刷
字　　数：214 千字	定　　价：59.00 元

ISBN 978-7-5130-6197-1

出版权专有　侵权必究
如有印装质量问题，本社负责调换。

谨以本书告慰生我抚育我的三位至亲：我的父亲朱尊荣、母亲杨根娣和长嫂曹玉

致读者

亲爱的读者：

如果我现在告诉你，梦境秘密已被彻底揭开了，大概你是不会相信的，因为你知道揭开梦的秘密实在太难了，难倒了古今中外数不清的最睿智的思想家。被西方公认为科学解梦权威的弗洛伊德说："一个人永远无法确定地说他已将整个梦完完全全地解释出来了。"2003年，中国出版的一本科学解梦的著作宣布："严格地讲，对于任何一个梦都不可能有绝对科学与合理的解释，梦是来自另一个世界的声音。"你读过的所有解梦的书或网上的心理学家的解梦都使你认识到，那些解梦法都是使人将信将疑的，答案都是似是而非的。但是我要告诉你，你想要知道这个人类最难解之谜的谜底，现在已经变得轻而易举了：你只要花一两个小时的时间将本书第一章和第二章细心读完，梦的神秘面纱就揭开了，你就可以清清楚楚地明白梦境中的所有人物的来历，以及他们的所有表演、梦中所有景物的来源及作用，最重要的是，这个梦例的主题究竟要干什么，也明明白白地告诉你了，答案是唯一确定的，而且会使你确信无疑，而不是可能的、似是而非的。总之，"整个梦完完全全地解释出来了"。本书将告诉你，梦究竟是怎样策划、创作出来的，此前没有任何梦的著作深入梦的创作层次。这光怪陆离、玄妙无比的梦，难道是故意精心设计出来的？是谁策划创作的？亲爱的读者，你应该知道，任何事件的发生都是有原因的，绝不会无缘无故地就发生了。梦的光怪陆离也一定是有原因的，只是这个谜底难以被击穿而已。本书将带你走进梦的迷宫内部，观摩梦的策划、创作和演出的全过程。以往尽管你读过关于解梦的书，但是你仍然不会解梦；尽管你咨询过网上的解梦师，但是你还是不会解梦。这些都是事实。但现在我要告诉你，当你读完我的这本书之后，你就会自己解梦了。

谁是造梦者？

梦的迷宫只有一个入口，它有两道门。外大门上贴着四个大字"梦为何物"，这就是要梦的探索者回答梦的性质是什么。对梦活动的性质认识不同，解梦方法就会完全不同。如果回答正确，外门就能打开；否则，外门就会一直关闭着。古人认为，梦是神灵或逝去的亲人的鬼魂制造的，或者是睡眠中人的灵魂脱离躯体后的自由活动。这个答案是错误的。神灵解梦论者只能在迷宫外凭想象猜测宫内的演出。弗洛伊德在梦迷宫的外墙上寻找孔缝向里观察，但是因为孔缝太小太细，因此他只能看到宫内一些模糊的影子在活动。他把这模糊的影子命名为无意识。弗氏认为是被压抑的无意识在睡眠中被释放出来而进行梦活动。这个答案也是错误的。只因为弗洛伊德是第一个不用神灵解梦的学者，他的解梦法被冠以"科学解梦法"。可惜，所谓的弗氏科学解梦法，也不过是凭猜测解梦而已。在弗洛伊德无意识理论基础上，后来又有荣格的原型解梦法、弗洛姆的象征解梦法，还有人类集体无意识的"原始人"等解梦法。中国古代的周公解梦方法，是象征解梦法的"鼻祖"。无论神灵解梦法、象征解梦法或无意识解梦法等，一言以蔽之，都属于猜测虚幻解梦法，而非科学解梦法。因为这些理论都不能正确认识梦活动的性质。历史上只有神灵解梦论和无意识解梦论两种观点，现在我给出第三种观点。

本书作者认为，梦是半醒半睡的中枢神经制造的。人们都知道，梦总是在早晨醒来或半夜醒来之时发生的。一天 24 小时，人的大脑在清醒态与抑制态（即睡眠态）之间转换。但人不是突然睡着或突然醒来的，而总有一个时间长短不等的渐渐入睡或渐渐醒来的过渡过程，梦就发生在这个过渡过程，我将这个过渡过程称为蒙状态。中枢神经的清醒与抑制（即睡眠）是阴阳相互转换的过程，即性质相反的两种精神控制成分相互转换的过程，清醒多一分，抑制就少一分，抑制多一分，清醒就少一分。渐渐醒来的过程是中枢神经从深度抑制，到中度抑制，到浅度抑制，到完全没有抑制的过程，也就是从完全不清醒到浅度清醒，到中度清醒，到基本清醒，到完全清醒的过程。

渐渐入睡是与渐渐醒来相反的过渡过程，即从完全清醒，到基本清醒，到中度清醒，到完全不清醒的过程。总之，都是半醒半睡的动态过程。人的大脑有一个人人都知道的特点：只要醒着，大脑就必定要想问题，要它不想问题是办不到的。人的大脑是一个巨大的极其复杂的信息加工系统，所谓想问题，就是在进行信息加工。因为半醒的中枢神经部分也要想问题，即要加工信息。睡眠中人的眼、耳、鼻、舌、皮肤等感觉器官的神经信息通道都关闭了，没有外界信息输入了，此时半醒的中枢神经系统部分在想什么问题呢？从哪儿取来信息进行加工呢？它只能到记忆库里寻找信息来加工，即只能回忆白天的事件。怎么加工呢？就是要根据这些回忆的事件来编故事，并在脑海中将虚拟的故事演出来。演出来的故事，就是梦活动。因此梦活动的性质是半醒的中枢部分在造梦，是人在半醒半睡状态下的编故事、演故事的活动。又因为半睡，即还有一部分中枢神经未醒来，这部分中枢的功能被抑制，因此分不清真假虚实。就是它——半睡的中枢部分给梦活动披上了神秘的面纱。所以，本书作者的观点是跨界生梦论，即梦是中枢神经系统处在清醒态与抑制态的过渡状态中的虚拟精神活动。对梦活动性质的认识不同，解梦方法也完全不同。本书的解梦法与你以前读过的任何解梦著作都完全不同。

半醒的中枢部分编故事、演故事的活动与完全清醒态下的编剧、演剧活动是同一类活动，即与戏剧、电影等表演类艺术活动是同一类活动，都属于虚拟精神活动。其实人人都知道，做梦就像演戏。这里将梦中的戏剧称为梦剧。一次梦活动，就是一个梦剧的创作并演出的活动。不过这是一场特殊的演出活动，是集编剧、导演、演员和观众四重身份于梦者一身的演出活动。所以，解梦就要将如何由日思之事启动的梦剧的创作过程，以及梦中显示出来的所有元素的来历全部揭示出来。当将梦中所有元素的设计都分析清楚时，梦就不再神秘虚幻了。因此，我的解梦法是梦剧创作解梦法，又可称为"推理解梦法"。梦剧的创作者既不是神灵也不是无意识，而是梦者半醒的部分中枢神经系统。这在本书的附录一和附录二中有详细的分析。

怎样造梦？

本书作者对梦活动性质的认识是正确的，就敲开了梦迷宫的外大门，来到了内大门前。如果打不开内门，那么仍然进不了梦迷宫。内门是紧锁住的。

这是一把极其复杂的锁。经过 20 多年的研究，我才逐渐找到了打开内门锁头的五把钥匙（见本书第一章第一节"梦剧创作五大规则"）和创作梦剧的六个步骤，终于打开了内大门，进入梦迷宫内。梦迷宫内所有光怪陆离、玄妙无比的景象，我都看得真真切切、清清楚楚了。所以我解梦，绝不给出猜测的似是而非的答案，而是给出确定的、唯一的答案。创作梦剧的五大规则和六个步骤就是造梦机制。掌握了造梦机制，就撩去了梦境的神秘面纱，彻底揭开了梦境的秘密。

梦既是精神现象又是生理现象。为了全面地了解梦，本书作者从精神和生理两个方面都进行了研究。这部分内容较深奥，放在本书的附录部分。附录一般读者可以不看，因为其他所有解梦著作都没有这方面的内容；但对理论感兴趣的读者，尤其是从事心理工作的读者，可以细细地看一看，我想对你必定会有所启发。

阅读本书，你就第一次进到了梦迷宫内部，观看到梦剧创作和演出的全过程。此时你定会有惊人的发现，你的许多认识将会被颠覆。第一，你会发现，梦的确是一场戏剧的创作和演出活动，因为你看到了梦剧的启动、创作和演出的全过程。这说明将梦活动的性质看作编故事、演故事的活动是对的。这颠覆了人类万年以来的认识，其中包括颠覆了西方大思想家的经典结论。第二，你会发现，原来梦中的人物及人物活动、景物都是梦导根据梦剧主题设计出来的，而不是胡乱出现的。这是你以前完全不知道的事。本书作者已经奠定了梦剧艺术的基本理论。第三，你会发现，梦剧的编创是极其周到、极其精细的，精细到几乎滴水不漏的程度。以往人们都认为梦是乱七八糟、无法认识的，而现在完全出乎了你的想象。第四，你还会吃惊地发现，梦幻艺术才是人类最早的艺术，其历史远远早于只有 1 万年历史的原始舞蹈、原始绘画、原始图腾等艺术活动，因为人脑大约在 5~6 万年前进化出自觉功能后，就会做梦了。这极大地颠覆了艺术史观，因此以后的艺术史必须要重新写作了。第五，你会发现，每个人都有艺术才能，人人都是艺术家。这极大地颠覆了人们以往的认识，今后不要再说自己没有艺术才能了。第六，你会发现，人在梦中的思维会突破白天的惯性思维牢笼，梦中人的思维能力有超常的发挥。那些科学家、发明家、艺术家在梦中获得的灵感给他们带来了巨大的成就。我将梦中的思维称为超贯（性）思维，你也可以通过梦幻渠道，开发自己的超贯思维能力。第七，读完"外一章"，你会吃惊地发现，全世界解梦的最权威、最经典的著作——弗洛伊德的《梦的解析》，其联想解梦法不过是"以其昏昏，使人昭昭"而已，连梦例的主题都不知道，还遑论什么解梦。其象征解梦法随意给梦例贴上性行为标签，甚至贴上乱伦标签，称其荒谬也不为过吧。第八，读完全书掩卷回想你会发现，梦中所有的精神现象和生理现象都有其合理的来历和解释了，梦不再神秘、不再虚幻了，梦境秘密真的被彻底揭开了。因为是人类第一次进入梦迷宫，看到的令人吃惊的现象还不止以上几个方面。

艺术是供人欣赏的，但你要懂得它的艺术理论才能真正地欣赏它。不懂书法理论，就欣赏不了书法作品；不懂交响乐理论，就欣赏不了交响乐演奏。想要欣赏梦幻艺术，就要掌握梦剧艺术理论。本书已经初步奠定了基本的梦剧理论。当你掌握了梦剧理论后，你就能用梦剧理论分析自己的梦创作全过程，当你将自己的梦显示的所有元素的来历都分析清楚时，你就已经学会自己解梦了。此时，你定会为自己的艺术创作才能而感到诧异和发出惊叹，就能欣赏到自己的梦的艺术魅力了。解析自己的梦，是对自己思维能力的考试，也是发现和认识自己的一条特殊途径。

我对本书读者有两个忠告：首先，你一定要知道性爱梦的原理。如果你是一位年轻的读者，那么你一定做过情爱梦，甚至做过性交梦。如果梦中性爱对象就是自己心爱的对象，那么醒来后你就会很快乐、很期待。但是，如果梦中的性爱对象是白天与你吵过架的异性，或是只瞄过一眼的陌生异性，那么你就百思不得其解了。令人恐怖的是，还有极少数年轻人做过与异性亲人发生了性交的乱伦梦。他（她）极度地羞愧、恐慌而又无法向任何人启齿，又不懂得梦的原理，强烈地质疑自己，往往会导致精神疾患。如果你是一位年长的读者，那么你怎样向子女解释性爱梦的科学原理呢？不如将本书给他（她）自己看。一代又一代的青年在成长，几乎每个青年都被性梦困扰过，急需得到正确的解释。其次，你一定要知道疼痛梦的原理。有些梦有预兆作用，不容忽视。如果做了疼痛梦，千万要注意了：你一定要懂得疼痛梦的预兆意义。梦伴随每个人的一生，普及正确的梦理论是人类一直存在的需要。你要将本书作为家庭必备书供全家人阅读,供你的下一代、下下代、下下下代阅读。

此外,我还有一个提醒:书中告诉读者,有一条神秘的小道可通往你想要进入的梦境。我提醒读者,要慎重地使用这条入梦秘径。如果想用来获得研究的灵感,当然可以;如果想用来获得性爱快乐或赌博快乐之类,我劝君莫为之。

揭开梦的秘密是重大的科学探索任务之一,是人类几万年来的梦想。推理解梦法或称梦剧创作解梦法已经深入到梦的策划、创作层次,是以往任何解梦著作都无法到达的深度。当深入到梦的策划、创作层次,困扰人类数万年的梦境的秘密就被揭开了。当梦这个千古之谜被中国人彻底揭开的消息传遍世界时,作为中国人会不会感到特别的自信和自豪?

弗洛伊德在《梦的解析》一书第一版原序中写道:"在阅读本书时,大家自然会明白为什么那些刊载于文献上,或者来历不明的梦都不能加以利用。只有本人以及那些接受我心理治疗的病人的梦才有资格被选用。……我只希望读者能设身处地站在我的困难立场上想一想,多多包涵;另外,如果有谁发现我的梦涉及他时,请允许我在梦中生活时有这自由思想的权利。"我使用的梦例也基本是我本人的梦,以及我的亲人的少数梦例,在书中进行了编号。那些刊载于文献上的梦例,我也不敢采用。《精神我析》作者写道:"真正有资格解梦的人,只能是那做梦者自己。一个梦的背后,可能是多年的生活沉淀,不是其他人能够了解的。"我与弗洛伊德有同样的困难、同样的请求,也请求本书读者尤其是梦例的涉及者多多包涵。

作者 朱杨曹 2018 年 8 月于深圳
邮箱:yinyangbianxi@163.com

目 录

第一章　预备知识

　　做梦就像演戏，是自己参与演出的戏剧，只是梦中自己不知道自己在参与演出。自己在梦中的演出与现在的 VR（即虚拟现实）更相像。VR、戏剧都要有剧本，剧本是剧作者创作的。梦剧当然也有作者，梦剧的作者被我称为"梦导"。梦剧作者和导演是谁？是上帝？是神仙？是鬼怪？是逝世的祖先？还是其他神秘的第三者？这些都不是。梦剧作者和导演只能是做梦人自己！这与 VR、戏剧不同，因为 VR、戏剧的剧本通常不是演出者写的，而是作家写的。在本书附录一和附录二中将科学地告诉你，为什么梦导是梦者本人、为什么梦中自己不能知道梦导的创作过程。

　　将梦活动看作戏剧一样演出的人，是正确地认识到梦活动性质的人，这绝不止我一个人。他们敲开了梦迷宫的外大门，来到了迷宫的内大门前。内大门是锁住的，没有钥匙是打不开的。他们没有找到钥匙，也就止步于内门前，进不了梦迷宫。我花了近 20 年的时间，逐渐找到了五把钥匙，将梦迷宫的内门也打开了，进到了迷宫内部。这五把钥匙是解梦的法宝，读者要学会使用它们，就一定能进入梦迷宫。本章就向读者介绍这五把钥匙，第二章将通过实例解析教会读者熟练地掌握解梦法宝。

　　五把钥匙是指梦导创作并导演梦剧必须遵循的五大规则：第一规则是梦点规则，第二规则是心情规则，第三规则是梦者亲身参与规则，第四规则是梦剧最简设计规则，第五规则是梦剧设计适于表演规则，心情规则是中心规则。之所以称这五条是规则，是因为任何梦必定由这五条主导，梦导就是根据五大规则来创作并导演梦剧的。

一 梦剧创作五大规则

1 梦点规则的由来

白天我们进行的任何活动都不是无缘无故的，而必定是有起因的，即有活动的启动点。将人的活动的启动点称为事启点。人的某项活动的事启点就是进行该活动的最初原因。白天活动的事启点有外启点和内启点两类。你参加会议，是因为有通知；你吃饭，是因为肚子饿了，等等，这都是外启点引发的事件。上午你给小孩买鞋了，这是你早晨想到了而去买的。你想到了要给妈妈打电话，你马上就打了电话。买鞋、打电话这两件事，都是内启点引发的事件，因为你"想到了"是你的中枢神经系统内部运作的结果。**注意：这里的内外是以中枢神经系统**（即脑和脊髓组成的神经系统）**来划分的**。来自中枢内的信息启动点被称为内启点，来自中枢外的信息启动点被称为外启点。

如同白天的任何活动都有启动点一样，任何梦的活动也必定由启动点启动，这就是梦剧演出事件的梦点规则的由来。将梦活动的启动点称为梦点。梦点的来源也分内、外两类：一是来自中枢神经系统外部；二是来自中枢神经系统内部，前者叫刺激类梦点，后者叫兴奋类梦点。梦点分类见图1。

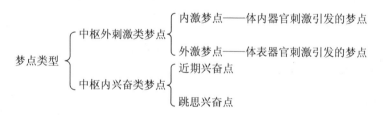

梦点类型
- 中枢外刺激类梦点
  - 内激梦点——体内器官刺激引发的梦点
  - 外激梦点——体表器官刺激引发的梦点
- 中枢内兴奋类梦点
  - 近期兴奋点
  - 跳思兴奋点

图1 梦点分类

中枢神经系统外的信息启动梦剧的梦点，其实就是内外感觉器官受刺激后，经上行神经纤维将刺激上传到中枢后而启动梦剧的梦点。我们身体中的感觉器官分为内感官和外感官。外感官是眼、耳、鼻、舌、身五大感觉器官，内感觉指身体内部分布有感觉神经纤维的心、肝、脾、肺、肾等脏器、组织发出的感觉刺激。体内脏器、组织没有专门的感觉器官，但大多分布了感觉神经纤维。这些感觉神经会检测到体内脏器、组织的不协调、病变等变化信息，并将这些刺激信息也通过上行神经系统发往中枢，人就会有痛、胀、昏、呕等反应。但有的脏器没有痛的感觉功能，这些没有痛感的脏器要是发生病变，开始时我们是不知道的。由于感觉有两类，所以刺激类梦点也就有两类：即内激梦点和外激梦点。外激梦点是睡眠中外感官受到刺激而启动梦剧的梦点。人在睡眠中感官仍然会受到光照、声音、温度、气味、压力等的刺激，如果刺激达到一定强度，那么感官会将接受到的刺激输入中枢系统，这些刺激有时会引起做梦，这类梦叫外激梦。例如，鼻子有一点堵塞，有可能会引起被大物体压住而难以呼吸的梦。如果外界刺激太强，会将人唤醒。内激梦点是睡眠中身体内部脏器中的感觉神经受到刺激而启动梦剧的梦点。例如，尿胀、大便胀、疼痛、口渴、性激素活跃分泌、病变部位占位等刺激，有时会启动梦剧。例如，尿胀往往会做找厕所的梦。

中枢内部的某些记忆脑区内的事件记忆点在睡眠中有时会兴奋起来，这些兴奋点有时也会启动梦剧，这类兴奋点称为兴奋类梦点。兴奋类梦点也有两类：一是近期白天的事件在睡眠中的兴奋引起的梦点；二是跳思引发的梦点。白天的任何活动都会在记忆中留下痕迹，有些记忆痕迹在睡眠中有可能会兴奋，就会引发相应的梦。记忆痕迹很多，如工作中的事、朋友间的事、亲友间的事，等等，都会留下记忆痕迹，看电视、通电话、回忆等，也都可能引发梦。这是梦的主要来源，大部分梦都是兴奋梦。跳思——忽然闪现的回忆。白天我们每个人都有这样的经历：忽然想到某个人或某件事，但我们不知道是怎么会突然想到的，这种思维活动就叫跳思。我们每天都不止一次地发生跳思。同样，睡眠中也会发生跳思。睡眠中的跳思必然成为梦点，这种梦点是极难找到的。其实，跳思也不是毫无踪迹可循的思维现象，它应该由稍纵即逝的信息触发。

梦点规则是梦剧创作的第一规则，我们解梦时首先必须要找到梦点。刺激类梦点是比较容易找到的，例如，尿梦、大便梦、口渴梦等的梦点就很容易找到。兴奋类梦点相对就难找一些，要仔细回想才能找到。而跳思梦点几乎找不到。白天我们都不知道为什么会突然想到某个人、某件事，梦中发生什么样的跳思就更难找到缘由了。

2 心情规则的由来

人类是目的性极强的物种，人的任何活动都不是毫无目的的盲目行动（精神不成熟、不正常者除外）。白天，事启点将事件启动后，中枢系统就要判断要不要去行动；如果要行动，怎样去行动。是否去行动，要看这件事是否与自己有关，与己有关者通常要采取一定的对策，而与己无关者，通常就不关心了。这就是说，白天的任何活动都是有目的的，某种目的来自某种需要。梦活动也是人的活动之一，它必定也是有目的的活动。梦活动的目的就是通过梦剧情节反映梦者的某种心情。这就是梦剧的心情规则的由来。这种心情可能是今天、昨天、近几天、近几个月时间内某件事情引起了自己的关切，使自己关心、烦心、厌恶、喜爱、高兴等。白天关切的事件引发的心情，就是梦剧要反映的心情，梦剧要反映的心情就是梦剧的主题。梦剧的每个情节都必须围绕梦剧主题进行创作，这是规则，而且是梦剧创作的中心规则。

弗洛伊德在《梦的解析》一书中说："梦是愿望的达成。"这个观点与我的心情规则有些类似。但是我认为，梦中的欲望不是都可以达成的。梦剧只是反映或重演白天的某种心情，而不是一定要将某种愿望实现。当然，有时梦中也有可能将某种欲望实现了，但绝不是每个梦都将愿望实现了。从梦的实践看，愿望达成的梦仅仅是极少数，大部分的梦都不能将愿望达成。

3 亲身参与规则的由来

任何梦，梦者必定亲身参与梦剧演出的全过程，这体现的就是亲身参与规则。参与规则是从心情规则的中心作用中衍生出来的。一个演技高超的演员会忘掉自我投入角色的心情中去表演，否则他（她）的表演就会失败。梦导为了表达梦者的心情，编创一个梦剧让梦者参加梦剧的演出，梦者也要投入角色的心情中来表演，从而将梦者的心情充分地表达出来。梦剧要反映梦者的心情，梦者如果不亲身参与演出，投入角色的心情中来参与演出，那么如何反映梦者的心情呢？梦者只有全程参与、忘我地投入角色的表演才能将梦者的心情表达出来。所以，梦导在创作梦剧时，必须让梦者参与每个情节的演出，梦者要在演出的每一个现场。梦者在梦剧中演出时不知道自己在演出，这与戏剧演员演出是不同的。因为戏剧演员知道自己在演出，在表演。最能体现参与规则的是现在最火爆的 VR 技术，即虚拟现实技术。戴上 VR 眼镜、坐上可以摇动的椅子，手持控制器，就可以进入虚拟环境，甚至可以操作镜头中的虚拟按钮，仿佛置身真实世界中。此时如果注意力太投入虚拟活动，那么就会忘记自己是在做虚拟游戏，还以为自己在真实世界里活动。这与做梦极其相像。做梦也是在虚拟环境中活动，自己是梦剧虚拟环境中的主角，按照剧本的安排参与虚拟演出，即仿佛是真的在"真实的"世界里活动。这就是亲身参与虚拟活动的情况。现在的 VR 技术的发展有两个方面：一是硬件技术的发展；二是内容、剧本的生产。硬件技术的发展是使虚拟活动与真实活动的逼真度更高，使参与者更难分辨虚拟与真实。而 VR 的内容、剧本的生产就是构思环境和故事情节，也就是写剧本。与此相似，做梦时，梦剧剧本是要梦导编创的，要根据梦点和心情来编创。至于虚拟"硬件技术"方面，因为人的大脑天然具有这项能力（即"技术"），所以就能使梦者分不清虚拟与真实。

4 最简设计规则的由来

梦导是根据最简设计规则来构思、设计梦剧情节、人物、背景和道具等所有梦剧元素的，也就是说，梦剧中没有任何一个多余的情节、人物、背景和道具。梦剧中任何一个元素的设计和表演都要调动很多神经网络通道，耗费很多智力能量（即中枢神经元活动的能量）。睡眠中人的中枢神经系统处于抑制状态，智力能量低，许多神经网络、神经通道的功能都处于低能量状态或休眠状态。所以，睡眠状态下能调动的智力能量较少，这较少又较低的智力能量对于梦的活动是极其宝贵的，需要最节约地使用。动物界有一个行为的普遍规则，就是最小能量规则。动物就是按照最小能量规则来进行所有活动的。梦剧的创作也是根据最小能量规则来进行的，这就是梦剧创作最简设计规则的由来。梦剧创作纯粹是人的精神活动，梦导将动物界行为的普遍规则作为人的精神活动——梦活动的行为规则之一，这实在是惊人之举。举例来说，梦中要设立一个人物，如何来显示这个人呢？可以细致地显示他的面目和身体姿态，也可以大致地显示他的外貌，也可以很模糊地显示他的身影而不显示他的面目。不同的显示，耗费的智力能量相差极大。这就如同中国画的画家画有很多人物的场景时，近处的人物画得很细致清晰，要耗费很多笔墨和精力；而画远处的人物，只需一笔画个头的形状就行了，耗费的精力极少。所以，梦导在设立人物时，主要人物会显示其面貌，设立的次要人物有些只显示个外形，不显示其面貌；有些次要人物连个人形都不显示，只是梦者心中认定有那个人存在就行了，我称梦剧中这些连人影都不显示的人物为无形象人物。无形象人物如果要说话，梦导就让他（她）用画外音来说。即使是主要人物，通常也不细致地显示其面目。最主要的是，梦者的心中认定了这个人物的身份就行了，至于他的外貌显示到多大的细致程度，那是次要的，能简则简。这是最简设计规则在设立和显示人物方面的应用。

梦导使用最简设计规则的最主要方面是构思故事情节。每个独立梦剧表演的情节都极其简短。但极其简短的梦剧包含的意义却不简单。这就是弗洛伊德早就发现的梦的"浓缩""凝聚"现象。弗氏发现了这个现象，但不知其来源。析梦者要透过简短的梦剧情节看出梦者的心情、情感、体验、欲望、目的，等等。有些读者可能认为，这就是弗洛伊德所说的"梦的隐意"。其实，弗氏说梦都有显意与隐意之别是不准确的。如果梦有显意和隐意之别，则其显意是确定的、唯一的，隐意也是确定的、唯一的。梦活动并没有这个区别，所有艺术也没有显意与隐意的区别。但艺术作品是有含义的，艺术作品的含义需要欣赏者自己去揣摩。欣赏者不同，他们揣摩出的含义也就不同。既然揣摩出的含义不同，那么能说该艺术作品的显意是什么？隐意是什么吗？各有各的说法，这不可能有标准答案。既然没有标准答案，就说明显意、隐意是不存在。例如，齐白石画了一只螃蟹，欣赏者要透过作品创作的时代背景、画中螃蟹所处的环境、画中螃蟹的姿态等元素来揣摩作者的用意。那么这幅画有显意与隐意的区别吗？没有。在这里，所谓作品的隐意是不存在的。

但作品的含义是要经过欣赏者的揣摩才能得知的。又如哑剧，演员在舞台上的动作表演有显意与隐意的区别吗？也没有。但演员动作的含义却要欣赏者揣摩。艺术作品的含义之所以需要欣赏者揣摩，那是因为这些作品都经过了作者的艺术加工、包装、掩饰等手段而创作的，使欣赏者一时不能直接地看穿其中含义。欣赏者要经过揣摩才能解析其中寓意，也使作品更有咀嚼的筋道、使欣赏者品尝到作品的艺术味道。经过梦导的艺术加工而创作的梦剧的主题也要析梦者经过揣摩、咀嚼才能解析其中含义。

如果析梦者对梦剧中的某一元素的作用、意义没有解析出来，那就说明此梦解析得不彻底。解梦高手可将梦中所有元素的作用和意义解析得清清楚楚。要达到这种水平，是需要学习和不断提高的。

5 适于表演规则的由来

从原则上讲，任何戏剧、电影等表演类艺术都要遵守适于表演规则，并将这一规则贯穿在表演的全过程。梦剧属于表演类艺术，当然要遵守这一规则。在戏剧、电影等表演类艺术的表演中，适于表演规则好像是不言自明的规则，所以艺术理论中没有或极少提到这一规则。但梦剧是在睡眠状态下的表演，是中枢神经系统处在抑制或半抑制状态下的表演，在清醒状态下能使用的一些表演方法，在睡眠状态下却不能被使用，这样，适于表演规则在梦剧创作和演出中的重要性被凸显出来。

二 梦剧创作六个步骤

梦剧是人类的艺术之一，它的创作与其他艺术的创作既有共同之处，也有特殊之处。梦剧的剧本创作者梦导必须依据五大规则来构思创作梦剧，通常有以下六个创作步骤。

第一步，梦导接收并确认梦点信号。白天有许多事件可能在睡眠中兴奋起来而成为梦点，也就是说，能成为梦点的兴奋信号不止一个。此时，梦导要将这些梦点按照兴奋强度进行排队，组成梦点队列。从1号梦点开始，依次逐个地选择梦点来创作梦剧。每接收并确认了一个梦点，梦导就根据这个梦点创作一个独立梦剧。这个独立的梦剧表演完后，即提取梦点队列中的下一个梦点并予以确认，再根据这个梦点构思并创作一个独立的梦剧。按照梦点队列的顺序逐个地提取、创作和表演，是一般的做法。但有时也会将两个或三个梦点一起提取出来，构成梦点组合，用组合梦点来创作梦剧。科学研究表明，人每晚做梦5次左右。我记录到的梦表明，一次做梦都不是只有一个梦剧，而是三四个、四五个独立的梦剧连续演出。这些连续上演的独立梦剧都有自己的梦点，每个梦点引发的心情也是不同的，心情不同，其梦剧的主题就不同。独立梦剧之间的过渡有两种情况，一是有关联的，二是无关联的。有关联的独立梦剧之间的过渡由上一个梦剧的某个情节，或某个道具，或演出中引发的某种心情等梦中事件而连接起来。无关联的过渡情况就复杂了，其中跳思引发的梦剧就是无关联过渡。用梦点组合创作梦剧与独立梦剧的连续上演是不同的。梦点组合的梦剧，其主题是一个，而不是多个。

我还记录到插入型梦剧，即该剧的开始和结尾是上一个梦剧的同一个背景、同一个情节。这种情况的发生显示，梦点也会插队。之所以发生梦点插队，是因为该梦点（如跳思）的兴奋度忽然升高了，它就插队到梦点队列的最前面了。为了处理这个插队梦点，此时梦导选择上一个梦剧的某个合适的情节处，将上一个梦剧停演，将插队梦点插入进来，以插队梦点创作一个插队型梦剧进行表演。插队梦剧演完后，再将上一个梦剧断开的情节接上，继续上一个梦剧的演出。

析梦人要在多个连续上演的梦剧中，善于分辨出每个独立的梦剧。因为一次做梦都是多个独立梦剧的连续演出，每个独立梦剧的梦点不同、要反映的心情不同、梦剧主题也不同。如果将一次做梦所演出的四五个独立梦剧视为一个梦剧，就分不清梦点、心情和主题，这样就无法析梦了。

第二步，梦导接到梦点后，就到记忆库里搜索与梦点相关的心情。这是梦剧创作中最关键的一步。心情规则是梦剧创作的中心规则，梦导创作梦剧的目的就是反映梦者与梦点相关的心情。

梦导根据梦点搜索与梦点相关的心情时，通常只搜到一个相关的心情，我将这个心情称为主心情。但有时也会附带地搜到了与主心情有关联的某种其他心情，我称其为副心情。

第三步，梦导根据梦点及与梦点相关的心情，确定梦剧的主题。任何戏剧、电影等艺术作品都必定有其主题，任何梦剧也必定有其主题。作品主题是艺术作品的灵魂。梦剧所有元素都必须紧紧扣住主题进行构思和设计。

独立梦剧通常只有一个主题，这个主题是梦导根据搜到的主心情而确定的。如果梦导在搜到主心情时，也搜到了某种副心情，那么，梦导在以主心情而创作的梦剧中，也将反映副心情的情节附加在主剧情中。

第四步，梦导构思梦剧框架情节以表达梦剧主题。要构思一个什么样的故事来反映梦者由梦点引起的心情，是个纯粹的艺术创作问题。这里涉及的主要问题，首先确定思路，根据思路再决定要采用的艺术表现手法，再由艺术手法来构思故事情节。要问一个神话故事的作者，他是怎么想到以那样的情节来构思故事的，这可能很为难他。要将一个主题演绎出来，方案有多种多样。要问作者为什么选择了其中某一个方案而没有选择其他方案，他可能很难回答你。有时候，就是在许多方案中随机地选择了某一方案。梦导构思框架情节也面临同样的问题。

第五步，梦导根据框架情节，设计主要角色及次要角色。通常梦剧中的主要角色是人物，但有些梦剧中动物或拟人化事物也是主要角色。

根据我的解梦实践，梦剧中的人物分为以下几类：主要人物、临时安排的次要人物、无形象人物及画外音。主要人物的设立要最少。根据亲身参与规则，在每个梦剧中，梦者"我"必定是主要人物之一。根据剧情，梦导往往会安排一个或几个临时的次要人物出现，他们的戏份演完后就自动退出舞台而消失了。次要人物大多只显示一个轮廓，并不显示其面目。有时梦者知道次要人物是男是女，有时连男女老少都不知道。可将次要人物称为轮廓人物。还有一种无形象人物，梦剧中也常常出现。梦中，"我"知道场景中有另外一个或几个或很多个人，但梦中并没有出现他们的形象，甚至连轮廓人物都不是。这不是感觉到他们，即不是通过内视、内听感觉到他们，而只是心中知道那里有一个或几个人。这是非常特殊的梦中景象。这是我最近才总结和发现出来的，我还未做深入研究。我感觉这涉及生理—心理联合作用的层次了，不是短时间内能研究透彻的问题。次要人物与无形象人物是不同的，次要人物梦中是有轮廓形象出现的。无形象人物与画外音很类似，但不是同一回事。无形象人物如果说话，就是画外音了；但无形象人物大多没有说话，所以与画外音不能等同。

第六步，梦剧的情节、背景、道具等的设计及梦剧的演出。

完成上述五步后，就可以开始梦剧的具体设计了。梦导在设计情节细节、背景、道具时是极其精心、精致的，简直到了滴水不漏的程度。这一步往往是最精彩的部分。

三　梦剧的最大特征

艺术作品的最大特征是"意在戏外"，即艺术作品要表现的主题及意义通常不是直白表达的，而是要观众或读者揣摩、体会的。即使是现实主义的艺术作品，也都经过了艺术加工，作品的主题及意义都被艺术加工所包装和修饰，使读者或观众不能一眼看穿。古典小说《红楼梦》的主题是什么？《西游记》的主题是什么？二胡曲《二泉映月》的主题是什么？读者们至今可能都说不完整，而且各人有各人的看法。梦活动既然属于人类创作的艺术之一，那么艺术的最大特征也会体现在梦剧艺术之中。也就是说，梦剧所要表达的主题及含义，也是"意在戏外"的，也是要观众或读者揣摩、体会的。

但梦剧还有自己这门艺术的门类特征。梦剧最显著的门类特征是"点到即止"。梦剧表演的主要情节只是简单地表演一下，将活动的具体情况都予以省略了。这个门类特征几乎贯穿在每个梦剧中。什么是"点到即止"？举个例子。有一首表达自由恋爱的东北民歌《大姑娘美大姑娘浪》，只唱到大姑娘走进了青纱帐（玉米或高粱地）寻找她的（事前约定在青纱帐里会面的）如意郎君，而找到如意郎君后他们在青纱帐里的活动却没有描述了。这就是"点到即止"的艺术手法。因为没有描述的被省略的内容，成年听众都知道是什么。如果不省略，其内容就有点"黄"了，反而有损这首民歌的传唱。这首民歌的主题是表达自由恋爱，并不是要描述热恋情人们缠绵互动的内容，所以运用"点到即止"的艺术手法是必需的。在表演类的艺术中，例如，戏剧、电影、小品等，"点到即止"的手法是被广泛运用的艺术手法。关于梦剧中运用这一艺术手法，要结合具体的梦剧创作来阐述，我们将在第二章的"观摩梦剧创作及表演"中加以说明。

为什么梦剧创作的主要情节只"点到即止"，而将具体内容省略呢？其原因在于，梦剧是四种身份（梦剧剧本的创作者、梦剧演出的导演、梦剧舞台上的演员、梦剧舞台下的观众）重叠于一人——梦者的演出。作者和导演将典型情节的具体内容省略掉，观众知道省略的内容是什么，他可以将省略的内容自动地补上。如果将被省略的内容都表演出来，那就要耗费极大的智力能量，不符合最简设计规则。既然观众能知道被省略的内容，何必浪费这宝贵的智力能量呢？所以，几乎每个梦剧都使用"点到即止"的手法来处理典型情节。但是现在情况又有变化了：我将梦剧创作的过程写在书里了，每个被分析的梦剧的主要情节省略了哪些内容，作为本书作者的我当然知道，但读者们不一定都知道了，这就要求我提示省略了哪些内容。

第二章　观摩梦剧创作及表演

梦活动是一场梦者参加虚拟现实的梦剧演出。梦剧演出是一门特殊的艺术，我称它为"梦幻艺术"。梦幻艺术与虚拟影视艺术相似的地方比较多。不论现在的 VR（虚拟现实）活动或以往的戏剧、电影、电视剧的演出，都属于虚拟演出，只不过角色的身份有所不同。戏剧、电影、电视剧等，有专门的演员演出，观众是舞台下或屏幕前的观看者；看 VR（虚拟现实）影片与看 3D 电影类似，只是你不需要去电影院看，而是戴上 VR 眼镜看就可以了。看时，自己感到身临电影院之中，或在电视机前。手上握着操作器，可以进行简单的虚拟操作，如按开关、打枪等。梦活动也是虚拟演出，但梦者本身就是演员，而虚幻的是，梦者不知道自己在虚拟演出，还以为是白天的真实活动。

各种类型的虚拟演出，首先都要有剧本，梦剧也要有剧本。从剧本角度说，影视剧、VR 有很多类型，例如，神话类、科幻类、情感类、生活类等。梦剧也有根据自身特点而划分的各种类型。不同类型的梦剧使用的表现手法是不同的，所以我们要对梦剧加以分类。从梦点的角度分类（见图 1 梦点分类表），有两大类型，即兴奋类梦和刺激类梦。刺激梦又分为外激梦和内激梦；兴奋梦又分为近期兴奋梦和跳思梦两类。从梦例数量说，刺激类梦较少，而且通常比较简单。大量的梦是兴奋类梦，其中又以近期兴奋梦为主。至于跳思梦，其梦点与近期白天的活动几乎没有关系，所以极难找到其梦点。如果做了回忆时间遥远事件的梦，我基本将它划为跳思梦。

一　兴奋类梦

人在睡眠的蒙状态下，即快要入睡或快要醒来时，一部分中枢神经系统已经开始活动起来。记忆库里，白天一些事件的记忆点有可能重新活跃起来而引起做梦，这样的梦就叫兴奋梦。兴奋梦的梦点都来自中枢神经系统内部。人的绝大多数梦是兴奋梦。兴奋梦的题材非常广泛，所以兴奋梦的梦剧类型很多，我只根据自己少量的梦例做了归类。这样的归类肯定不完全、不准确，只有待他人做补充和修正了。我根据梦剧创作的思路或艺术手法等，将兴奋梦分为梦点续演梦、同模异剧梦、想象梦、设想梦、疑似预兆梦、灵感梦、神话梦、回忆梦、角色替换梦、身份置换梦、儿童梦等，其中回忆梦大多由跳思启动。这样的归类不尽合理，因为有些梦例既可以划入这一类，又可以划入另一类。其实，要将各种电影划分类别，也存在归类交叉问题。

1　梦点续演梦

梦点续演梦是指梦剧接着梦点内容继续上演的梦。昨天或近几天白天引起兴奋的事件，在梦中会以梦的方式继续表演。这是最自然、最省力的思路，被梦导首选。

梦例 1——宴席之梦　　20021005 号（一，87）❶

这是 2002 年 10 月 5 日做的醒来梦，梦的记录如下：A 国领导人 JY 设宴招待 B 国总统 F，不知何故，我竟成为中国的一名代表与 F 总统及主人同桌吃饭。一张普通的方桌，有一个服务员，四五个菜，味道偏淡，还可以。房间不是很大，有一张单人沙发，一张三人沙发，都是木制的。F 总统穿了一件深蓝色的外套。我吃完饭后就坐到了那张单人沙发上。过了一会儿，F 也吃完

---

❶　从 1996 年起我就开始记录梦，迄今已记录了五本。以年份和日期作为编号，括号中数字是梦记录本及本中的页码。"一，87"表示第一本的第 87 页。

饭，就坐到了那张三人沙发上。我觉得他是总统，应坐单人沙发，于是我让出座位请 F 坐到单人沙发上，F 也欣然同意了。紧接着，主人也吃完饭，坐到沙发上，我们三人在说着什么。不一会儿，F 上完厕所后走了，接着我也起身走了。

我怎么会做 A 国领导人设宴招待 F 总统的梦呢？更奇怪的是，我一个中国普通百姓怎么会参加 A 国和 B 国两国领导人的宴席？现实中这种可能性根本不存在。这太不可思议了。这个梦究竟表示什么意思？按照《周公解梦》"王侯并坐大吉利"，难道有什么大吉大利的事就要降临于我了吗？我就等着天上有馅饼正好落到我手中了吗？那些弗洛伊德科学解梦著作会说，梦见大官就表示希望见到权威，希望得到权威的赏识等。2002 年，我离退休已经没几年了，书也没写完，我不需要得到权威的赏识。抛开那些象征法解梦的梦著不谈，这个梦究竟表示什么意思呢？现在用我的推理解梦法来看看，此梦究竟是怎样构思创作出来的。

【观摩"宴席之梦"的创作】

任何梦都必定是梦导——梦剧的创作者根据梦剧创作五大规则来构思创作的。在预备知识中已经讲过，梦剧创作有六个步骤。

第一步，梦导接收并确认梦点信号，并根据梦点信号开始梦剧的创作。

在此次梦活动中，梦导接到的梦点信号是白天我看到的一个新闻报道引发的：在××亚运会上，A 国乒乓球女团战胜了中国女乒团体，夺得女乒团体冠军，中国乒乓球女团屈居亚军。乒乓球被认为是中国的国球，中国女乒团体是常胜之师，历届保持不败纪录，而本届却输给了 A 国乒乓女队。不仅是我，恐怕绝大多数中国人都对这一事件深感意外。这个意外事件的刺激信号强度很高，在睡眠的蒙态中，这个高强度信号重新活跃起来，是很自然的。这一事件就成为蒙态中的梦点信号，即成为梦剧的启动点。梦导要根据梦点来进行梦剧的创作。

第二步，梦导接到梦点信号后，要到我的记忆库里搜索与梦点相关的心情。

我是一个很关注时事的人，每天打开电脑浏览器的第一件事就是看新闻，我尤其最为关切我国周边发生的大事。那段时间 A 国与 B 国接触互动很频繁，这引起了我的密切关注。所以，有关"A 国"的梦点启动梦剧后，梦导就把我的这个密切关注的心情搜出来了。

第三步，梦导根据梦点及与梦点相关的心情，确定剧目的主题。

A 国女乒团体战胜中国女乒团体事件引发的梦点与我近期对 A 国和 B 国友好互动感兴趣的心情相结合，就成为这出梦剧的主题了。梦剧与所有的艺术一样是重演现实、反映现实生活的表演。在这出梦的剧目里，要设计一些情节来表现 A 国与 B 国友好往来的活动。所以，反映 A 国与 B 国友好往来活动就是这出梦剧的主题。

梦剧作者在确定了剧目主题后，有时还将附带心情连接到主题之中。在此剧目中，将我平时对 F 总统的情感也作为要反映的心情与主题活动连接在一起了。

第四步，梦导构建剧情框架情节，以表达梦剧主题。

为了反映梦剧主题，需要设计一个或多个主要情节来表达。一个独立的梦剧通常比较简短，设计一个主要情节就够了。

梦导用什么样的思路来构筑梦剧的框架呢？梦导在此剧中采用了**梦点延伸思路**，就是从梦点延伸开来的思路。向哪里延伸呢？向与梦点相关的心情延伸。在第二步中，梦导根据梦点在记忆库里搜到了我对 A 国和 B 国友好互动感兴趣的心情，那就要构筑 A 国与 B 国互动的情节来。思路决定要采用的艺术表现手法。构思 A 国与 B 国互动的情节并不难，梦导决定采用**白描手法**来构建。所谓白描是指，现实中是什么样的情景，艺术作品中就表演什么样的情景。但白描与原样照搬并不完全相同，白描手法在表演时对原型还是要加以摘取、修饰，尤其要选择典型环节；而原样照搬就如同实况转播。两国互动有很多种方式，梦导构思什么样的互动故事呢？最好是设计他们两国领导人签订互助友好条约的剧情。但是，在这样的两国签约的场景中，"我"这个第三国的人怎么参与呢？一来，我没有这种场面的经验，很难设计"我"参与的情节。因为梦中情节大多来自梦者的生活经验，而不是来自神灵托梦；二来，在两个国家签约的场景中，通常不可能有第三个国家的人在场。所以，这个最佳方案不能采用。设计两国友好谈判的情节？"我"这个第三国的人也不能参与。当然，设计第三国的人能参与另外两个国家友好互动的情节，方案很多。梦导最后构思了 A 国领导人设宴招待 B 国领导人的宴席来表现 A 国与 B 国友好互动，宴席"我"这个第三国的人就能参加了。这个框架设计就这样设定了。请注意，"我"一定要参与 A 国与 B 国互动的梦剧情节，是根据梦剧创作第三规则——梦者亲身参与规则而来的，梦导创作梦剧必须遵守五大规则。

不过，梦导在此剧目中还想表达附带心情，所以在主框架设定后，又构思了一个"我"给 F 总统让座的附带情节来反映附带心情。

第五步，梦导根据框架情节设立剧中主要人物。

框架已定，就可以进入人物设计环节了，即设计哪些人物出场。根据我的经验，要反映两个国家的友好往来，两国领导人要出现在友好互动的情节中。因此，两国领导人就是此梦剧的主要人物。还有一个不可或缺的人物，那就是梦者"我"，这是根据亲身参与规则必须要设的"最重要人物"。这样，三个主要人物就设定了。

读者请注意：梦剧的人物设置是遵循**最简设计规则**的。主要人物数量要最少，没有一个多余的主要人物。除了主要人物，梦剧往往根据剧情需要临时安排次要人物出现。此剧中，就设立了服务员为次要人物。次要人物在剧中只有一个人形，并没有显示其相貌。次要人物的戏份演完后就自动消失了。

第六步，梦剧的情节、背景、道具的设计及演出。

宴席互动具体情况，见本剧目开始的"梦的记录"。梦剧背景是宴会厅。宴会厅的设计也遵照最简设计规则。宴会厅的陈设围绕梦剧主题的表达，要简单到不能再简单的地步。此剧目中的国家级宴会厅，陈设很简单：只有一张四方桌、一张单人沙发和一张三人沙发。这根本就不像举行国宴的宴会厅。亲爱的读者，你知道陈设为什么这么简单吗？你觉得陈设太简单，是因为你把梦境中的陈设与真实国家级宴会厅的陈设相比较而得到的认识。可是你要知道，我在本书"致读者"中就曾说过，梦活动是梦剧的演出，是梦幻艺术表演，你如果将梦中陈设与话剧舞台或小品舞台的陈设相比较，就不会觉得它太过简单了。如果将这陈设与木偶剧相比，又太奢侈了。在道具使用上，梦剧介于戏剧与话剧之间，比不上戏剧，但比话剧、小品要丰富一些。艺术嘛，能表示出意思就行了。舞台上的演员用双手做开门动作，就表示那儿有一扇门呢，其实那儿根本就没有门，连门这个道具都不用。所以，认识梦活动的性质是能否开启梦迷宫外大门的钥匙。如果硬要将梦幻艺术表演与真实相等同，就永远也理解不了梦。那几张沙发还是为后来的剧情发展而设置的，如果后面剧情没有让座的环节，宴会厅恐怕连沙发都不会有。宴请客人用四方桌是东方文化中的必需，家具用木制的也是最正宗的家具材质。沙发不是东亚文化中的坐具，但招待的客人是西方的，所以用沙发。梦剧中配沙发还有第二个原因，沙发是现代中国城市家庭的必配家具，梦剧中配沙发也可能来自我的生活经验。宴席上的菜肴也非常简单，这与陈设简单是一个道理。如果将梦中的菜肴与真实国宴相比，显然出入太大，没有哪个国宴菜肴如此简单。但是，此梦剧中的菜肴比话剧、小品舞台上的菜肴要真实得多，丰富得多。时刻记住梦活动的性质是艺术表演，就能理解很多梦中问题。所以，梦剧作者在构思宴会厅、餐桌、菜肴等细节时，都是根据类似戏剧、话剧、小品表演的要求来设计的。F穿的衣服颜色，就是某次会议上他穿的唐装的颜色。F在那次会议上穿深蓝色唐装，我当时就觉得非常好看，给我印象很深。那么，梦导取材于我的记忆库中的印象，设计他穿深蓝色衣服就顺理成章了。

　　国宴上当然少不了服务员。但按照最简设计规则，梦剧作者只设置了一名服务员，而且还是临时安排的次要人物。真实的国宴当然不止一个服务员，但从艺术表演的角度看，设立一名服务员作为许多服务员的代表也就意在其中了。梦中，"我"感觉到有一个服务员，但连服务员是男是女、相貌、高矮、胖瘦都没有看清。梦剧中的次要人物的出现和消失都是这样的，他的演出任务完成后，就自动消失了。这里也体现了梦境的虚幻。

　　梦导设计了两国领导人的国宴来表达两国的友好往来，这是典型情节。但典型情节"点到即止"，宴席上的具体活动内容被省略了。典型情节是表达剧目主题的，既然典型情节"点到即止"了，接下来就要表演副心情、副主题了。所以，紧接着就表演"我"给F总统让座的情节了。副主题情节的表演也是"点到即止"的，只表演了让座情节，没有表演其他活动，如交谈等。

　　"我"给F总统让座情节的设计也非常讲究，这体现在三个主要人物吃完饭的次序上。梦导安排"我"最先吃完,如果"我"不最先吃完,坐到单人沙发上,那就不可能有"我"给 F 总统让座的情节。为什么"我"吃完后,不直接坐到三人沙发上,而是先坐到单人沙发上?如果这样设计,也不可能有让座的互动环节了。"我"让座了,是参与活动,是互动活动。让座,还表达了我一贯尊重 F 总统的情感,也表达了中国普通百姓的礼貌觉悟。所以,让座这个互动情节设计得非常巧妙,梦导考虑得很周到。梦导为什么设计 A 国代表最后吃完?他能最先吃完吗?当然不行。主人绝不能先吃完,否则意味着催促客人赶快吃,还意味着主人心意不诚。他必须陪着最后吃完的客人吃完。三个人吃完的次序设计得非常讲究,完全符合真实生活中的规矩。梦导安排吃完饭的次序,正是中国人的待客传统的再现——当然是梦者"我"对中国传统的把握。

好了,一出梦幻艺术剧目就创作并演出完了。现在我们知道了这个梦是白天的什么事件引发启动的了。通过此次梦活动,与梦点相关的我的主心情和附带心情也都表达了,此次梦活动的表演任务也就完成了。读者们现在对此次梦活动还有一丝神秘感吗?我相信你们没有任何神秘感了,因为我引领你们第一次走进了梦迷宫内部,迷宫内的一切你都看得真真切切。这是你阅读其他任何梦著都不可能达到的境界。对梦境不再有神秘感,这可是全人类开天辟地以来的第一次!其意义读者们自己去领会吧。

【梦剧创作理论探索】

我们进入梦迷宫内,对梦导构思创作梦剧的步骤、主题确定、情节设计、人物设计、背景设计、细节安排等,都看得清清楚楚,对梦中所有人物、事物、事件演变过程等都已失去了神秘感,但随之而来的是对梦导创作梦剧的梦幻艺术水平之高超而感到极其震撼。

梦活动是艺术创作和演出的活动,这颠覆了人类几万年来的认识。我们观摩了第一个梦例的构思、创作和演出的过程,证实了梦活动的确是艺术活动,我还要用其他梦例的创作来证明这一点。梦活动既然是艺术,它就应该有自己的艺术理论。因为它是新发现的艺术,还没有人来建立梦幻艺术理论。笔者是第一个发现梦活动是艺术活动的,我只好尽己之所能,大胆冒昧地试图来给梦幻艺术理论的奠基铲第一锹土,垫第一块石。我想先分散后集中地来建立梦幻艺术理论。先分散后集中是指，在观摩每个梦剧的创作欣赏之后，探索和总结一些梦艺术理论方面的问题，最后将这些分散的发现集中起来。

注意：梦理论与梦幻艺术理论是有联系但不相同的两个概念。梦既是精神现象又是生理现象，因此梦理论就分为精神上的梦理论和生理上的梦理论。精神上的梦理论就是梦幻艺术理论，生理上的梦理论，有很多实验室用最现代化的仪器设备在研究，已经发现了梦活动的一些基本生理机制，也取得了一些基本共识。但生理上的梦理论还没有权威理论面世。

【深度思考】

在本梦剧中，我们显然已经发现了以下最基本的梦剧创作原理之一：就**"库"取材原理**。构筑虚拟故事需要题材，题材从哪里来？睡眠中不能翻书看，也不能咨询别人，又不能实地去考察，只能到记忆库里去搜索有关的材料。记忆库里存放了梦者大量的生活经验和知识，梦导只能到记忆库里取材。这就是创作取材的思路。记忆库里记忆了两种东西：一是经验（包括体验）；二是知识。取材于经验，就是生活经验原理；取材于知识，就是运用知识原理。在本梦例中，生活经验原理应用在许多情节中。那些科学家们的灵感之梦，大多采用知识原理来构筑梦剧。所以，各个人的经验和知识不同，做出来的梦也就不同。儿童的经验和知识简单，做出来的梦就必定简单；思维缜密的人创作出来的梦剧的细节就缜密；思维不缜密的人创作出来的梦剧的细节就可能存在漏洞，这在他们白天的活动中也必定有反映，例如，说话常常不严密甚至说错，做事常常丢三落四等。

【体会】

体会 1 想当初，我曾为这个梦剧的解析伤透了脑筋。这个梦的奇特之处是"我"参与了 AB 两国领导人的宴席。我是一个中国百姓，又不是中国官员，怎么可能参与别国首脑间的宴席？这太奇怪了。我反复地想，可还是不得其解，无奈之下，我觉得应当换一个方向想。我盯着"参与"二字反复琢磨，忽然我问自己：是不是所有的梦，"我"❶ 都要"参与"？我这么一问便忽然发现，的确，所有的梦，"我"必定在场，必定要参与梦的全部活动。这

---

❶ 打引号的"我"指梦中能觉知的梦者。

是事实！看来思考时不能只往一个方向想，要多换几个方向想，很可能就茅塞顿开了。这"所有"二字可不能等闲视之（在语言逻辑学上叫"全称判断"），它表示的是全部，从全部中就能挖掘出规律、规则。由这个事实，我悟出了一条梦的规则——**亲身参与规则**，或叫在场规则。就是说，所有的梦，梦者"我"必定亲身参与梦的全过程。"我"为什么会参与别国首脑间宴席的问题，尽管当时我还是不得其解，但我却发现了一个事实，即梦者亲身参与梦活动全过程的事实。而这个事实是其他梦的研究专家们尚未发现的，这就叫"有所发现"吧。梦剧创作的亲身参与规则就是从这个梦剧的解析中发现的。

体会 2 "日有所思，夜有所梦。"这句老话其实就包含了梦点规则和心情规则。但这句话要反过来说才对："夜有所梦，因为日有所思。"因为日有所思的事情，不一定都会成为梦点。日思之事，既可能成为梦点，也可能成为梦要反映的心情。可见，前人的老话里面就已经包含了解梦的主要方法了，只是我们没有捅破这层窗户纸，因为这句老话并没有将梦的原理、规则、梦的情节来源等揭示出来。这就给我们一个提示：对一些老话、一些身边熟视无睹的事情，你要细细地玩味、琢磨，就很可能有所发现。从有所发现开始，再有所提炼、有所提高。发现是重要的，但有些"平凡的发现"仅仅是开始，如果不提炼、提高，还是会一事无成。就像梦点规则，弗洛伊德也讲白天的某件事引发了某个梦，但他没有就这一"平凡的发现"进行提炼、提高，所以他没有发现梦点规则。将日思之事引发的梦点提升到"规则""规律"的理论高度，这是提炼、提高的结果。

体会 3 梦活动的性质是梦幻艺术表演，这一认识在解梦时必须牢牢记住。如果将梦中的国宴与真实的国宴相等同，那对梦活动性质的认识就还是错误的。正确地认识梦活动的性质是打开梦迷宫外大门的钥匙。以往的所有梦著都未能正确地认识到梦活动的性质，他们要么认为是神灵弄梦，要么认为是无意识弄梦，无法深入梦剧的创作层面，只能胡猜乱想。张三猜想一套，李四又猜想另一套，王五猜的又与张三、李四猜的完全不同。我们观摩了第一个梦剧的创作和演出的全过程，便可清楚地看到，梦剧是有主题的创作，是紧扣主题的精心创作，绝不是幽灵弄梦者们胡猜乱想的那样。由此我们认识到，梦活动就是梦者自己创作的艺术活动。梦导不是幽灵，它是人在蒙状态下的中枢神经的活动。所谓蒙状态是指人的半睡半醒的状态。人的蒙状态是人的中枢神经系统的跨界状态，即跨在清醒态与不清醒态之间的状态，这是人的奇妙状态。人的中枢神经系统在跨界状态下只能从事虚拟精神活动。正因为在半醒状态，才能从事虚拟的艺术创作活动；正因为在半睡状态，有些活动自己分不清虚假与真实，或者说，能体察真假与虚实的那部分中枢神经还处在抑制态中。

体会4　大家现在还认为梦是胡乱编造的吗？观摩了此出梦剧的创作和演出，人们认为梦是胡乱编造的认识已被完全颠覆了。梦剧的创作是极其精心、极其精致的。

体会5　表演艺术作品的含义通常是"意在戏外"。这同样适用于梦幻艺术，因为梦幻艺术也是表演艺术。此出梦剧只表演了AB两国宴席作为典型情节。典型情节的表演"点到即止"，宴席上主宾们交谈的内容都被省略了。省略了，不等于没有交谈。他们交谈的内容绝不仅是天气物产、菜肴口味之类的话题，肯定谈到了地缘政治等问题。这戏外之意正是我所关注的内容，但这个内容却被省略、被隐含了。此梦剧的主题就寓于戏外之中，寓于不言之中。其实，不言之言远远多于已言之言。如果梦剧将宴席上的觥筹交错、相谈甚欢的细节都表演出来，那要耗费极大的智力能量。梦剧的最大特征是"点到即止"。梦导设计个宴席，点到即止，省略的内容让欣赏者揣摩之、咀嚼之。"我"让座的剧情，是表达此剧的副心情、副主题的，这一情节也是"点到即止"。这一让座情节要表达的我对F总统的情感，梦者我自己当然清楚。我想，此书的读者也可从中揣摩出一点什么东西来。

这是第一例梦剧观摩和欣赏，分析得较为详细，文字略显多了一点。在后面的梦剧创作分析欣赏时，我将酌情简略。

梦例2——拜见钱老之梦　　20011220号　周四（一，85）

这是2001年12月20日的梦，梦的记录如下：**我见到了钱学森教授，他坐在床上。我说："您是大科学家，见到您，我太高兴了！"他问我："你们学校师资力量怎么样？"我回答说："不强，本科生只有四个人。"他问另外一位**

老师："你在做什么?"那位老师说："我准备写一篇论文。"钱老又问我："你呢?"我回答:"我在写一本书,用中国哲学分析人的欲望,想打破西方在心理学动机理论方面的一统天下。"钱老没说什么。(小便将我胀醒了。)

这个梦的奇特之处:一是"我"怎么有资格与钱老讨论教育问题;二是教师"本科生只有四个人",这是什么学校?现在看看梦导按照六个步骤来创作此梦剧的过程。

【观摩"拜见钱老之梦"的创作】

第一步,梦导接收并确认梦点信号。

这个梦的梦点是:最近,中央领导人看望德高望重的钱学森教授的报道给了我较强刺激,这个较强刺激就成为我睡眠蒙态中的中枢神经系统中的兴奋点。

第二步,梦导根据梦点,搜索与梦点相关的心情。

梦导接到梦点信号后,就到记忆库里搜索与钱老有关的心情信息。梦导将我记忆库里关于钱老的故事及对钱老一贯尊崇的心情搜出来了。这是主心情。见到钱老,我可能还有副心情要表达,因为我当时在从事动机心理学的研究。

第三步,梦导根据梦点信息及与梦点相关的心情信息来确定梦剧的主题。

钱老对我的感动除了他赤诚的爱国情感外,在事业上主要有两方面:一是钱老领导一批科学家和工程师开创了中国的核事业和航天事业;二是他为国家培养了一批年轻的核事业和航天事业的后备军。如果梦导设计钱老在科学和工程方面的剧情,"我"就无法参与其中,因为我对核技术、飞行控制技术一无所知。所以梦导将钱老关心教育的情况确定为剧目的主题。

第四步,梦导根据梦剧主题,构思、设计剧情的框架。

要采用什么样的思路来构筑梦剧呢?梦导决定采用比照梦点思路来构思。梦点是中央领导人看望钱老,梦导比照这一事件的形式,决定以"我"去拜访钱老的形式来构思梦剧的框架情节。思路决定要采用的艺术表演手法,既然是拜访,就采用对话形式来设计梦剧。用对话形式设计,必然要明确两个问题:首先,是决定对话的内容;其次,由对话内容决定"我"以什么身份去拜访。对话内容当然要表达梦剧的主题，所以，就以钱老关心教育的话题为内容。既然对话内容是有关教育，那么，"我"就应当以学生或教师或学校领导的身份去拜访。以学生身份肯定是不妥的，那就以教师或学校领导的身份去拜访。其实，"我"即使以教师或校领导的身份去拜访也是不够格的，因为"我"不是知名教师或名校领导。但是，根据梦剧创作的亲身参与规则，"我"必须要与钱老有互动环节。所以，梦导就决定"我"以教师或校领导身份去拜访钱老了。这样，该剧的框架情节就设定了。

第五步，梦导根据框架剧情，设立剧中主要人物。

显然钱老是剧中最主要人物，根据参与规则，"我"也是剧中主要人物。根据最简设计规则，有这两个主要人物就够了。因为梦导采用对话形式进行表演，所以"我"能与大科学家对话了。

第六步，梦剧的情节、背景、道具等的设计及演出。

梦导采用对话形式让"我"与钱老展开互动，这应该是最简洁的表演形式。梦剧一开始的情节是"我见到了钱学森教授，他坐在床上"。为什么他坐在床上？因为他已 90 高龄了，梦导考虑是周到的。床是此剧中唯一的道具，是不可或缺的道具。接着，"我"就说"您是大科学家，见到您，我太高兴了"。一见面，当然"我"要先开口说话，而不能让钱老先问"我"好。对钱老来说，"我"是陌生人，"我"见到他，"我"说什么好呢？说见到他，很高兴，是非常自然的开场白。这说明，梦导创作时是按照我的生活经验进行设计的。梦导设计"我"是以教师或学校领导的身份去拜访的。我确实当过教师，也当过学校的领导，不过，那是企业的工人大学和电视大学，我在这两个大学都是校长兼教师。原来梦导借鉴了我的这份经历来构思剧情框架和细节。在我的认识中，教育成败的关键是教师，故梦导取材于我的这一认识，安排钱老询问"我们学校"的师资力量是很自然的事。这就充分体现了钱老关心教育，而且关心到关键点了。我筹划创办的工人大学的老师，具有本科生以上学历的，包括我在内正好是四个人，怪不得梦中"我"说教师中"本科生只有四个人"。钱老问另外一位老师和"我"在做什么，这显然是问我们在教课以外还在做什么。钱老为什么问这个问题呢？据我看到的报道，这些大科学家们都是一边从事研究，一边教课的。研究是他们的主要任务，

23

教课是培养后备军，是仅次于主要任务的第二位任务。所以，梦导根据我的这一认知，设计钱老问"我们"教学以外的情况。另一位老师是梦导临时设立的次要人物，我只记得他是一位男老师，没见到或关注到他的相貌。他说完这句话后就退出演出舞台自动消失了。我们回答的内容相似，他在写论文，"我"在写书。这充分说明，我们的老师是非常努力的。为什么梦导要安排一个临时人物出场呢？梦导认为，如果只有"我"一个人说在课外还从事研究，那么不足以表明教师们都很努力。这位老师的努力佐证了其他老师也在从事教授以外的研究。我们单位的工人大学和电视大学的老师们的确都是非常用心的，这一剧情也顺便重演了当时我们全体老师很努力的记忆，我作为学校的领导，当时就很感激这些老师们。所以，梦导设计钱老问老师们教课以外的情况，有双关作用：其一，表达了钱老等大科学家们既研究又教学的事实；其二，表达了我在工人大学时感激老师们的心态。此剧中"我"回答的内容正是我正在从事的研究和写作的内容。钱老对"我"的回答未做任何回应，因为梦中"我"也没有介绍研究的内容，而且 2001 年我的书还未写完。其实，"我"回答的内容恰恰反映了此剧的副心情——希望得到权威的肯定。

至此，我们对此剧目的构思、设计的过程都已清清楚楚，每一个情节、细节的安排也都明明白白，每一个读者对此梦都不存在任何神秘感了。

【梦剧创作理论探索】

这里我们指出了梦剧创作和演出的另一个原理：**编即演原理**。梦剧不是完全编好剧本后才搬到前台演出的，而是编了一段情节，马上就演出的。当然，梦导把握了梦剧主题，才能做到即编即演不走题。据说，"小品女王"宋丹丹有时就抛开剧本一边编，一边表演。只要把握剧本的主题，就不会偏题、跑题。宋丹丹在即编即演过程中，她没说出口的话，别人是不可能知道的。如果有对话，她怎么回答，她需要时间考虑。她考虑好了回答内容后，马上就说出来了——这叫即编即演，对话方当然不能事先知道。如果她悄悄地事先告诉了对方，那就不叫即编即演了。宋丹丹即编即演需要娴熟的编演技巧和能力，梦导似乎天生也具有这种能力。梦是一个神秘的东西，那里藏着许多秘密呢！我们解梦不仅仅是为了好玩，而是还要尽量挖掘出一些人脑的秘密来。

【深度思考】

此梦主要由对话构成，梦中双方的对话必定都出自同一个大脑、同一个梦剧作者。既然如此，梦中"我"与对方对话时，对方下一句可能说什么，"我"却不能事先知道呢？"我"不能事先知道，说明梦导与"我"好像不是同一个人。梦导想好的内容，不事先告诉"我"，"我"就不知道对方下一句可能说什么了。梦导与梦中的"我"的确有可能不是同一个人。这个问题在本书附录一中有详细的阐述。此处，"我"不能事先知道对方对话的下一句的内容，原因来自两点：（1）梦导安排剧情需要时间；（2）梦剧是即编即演的。为了明白其中的道理，可以分析小说作者的创作过程。小说作者要在书中安排甲与乙对话。甲问乙："你吃过饭了吗？"甲问过后，甲就在估计和等待乙可能的回答。乙怎么回答，需要小说作者安排。作者可以安排乙说"吃过了"，也可以安排乙说"还没吃"。作者需要时间来考虑乙回答的内容，在这段时间里，不但甲不知道乙的回答内容，而且就连小说作者自己也暂时不知道乙的回答内容。因为作者安排乙的回答内容时，必须考虑下一步的情节发展。梦剧的创作过程与小说作者的创作过程是基本相同的。以上过程仅是小说作者或梦剧作者安排对话过程的一半，即安排对话的内容。还有另一半过程：将安排好的对话内容表达出来。小说作者要将安排好的回答内容在纸上写出来，或在电脑上敲击出来。他写出来后，别人才能知道乙的回答，如果他不写出来，别人还是不知道乙的回答内容。假如这是我的一个梦，梦导将安排好的回答内容怎样表达呢？它要在梦剧舞台的前台上表达出来。由于梦是即编即演的，梦导一旦想好回答的内容时，马上就被梦导搬到梦剧舞台的前台演出了，"我"当然就不能预先知道乙的回答内容了。"我"只能知道前台演出时乙回答的内容。梦导在后思台❶创作的过程，"我"是一无所知的。我们将上述过程称为**"梦中对话原理"**。

此梦例中，"我"向钱老问候"您是大科学家，见到您，我太高兴了"后，不知钱老会如何应答。梦导在考虑安排钱老如何回应，在梦导思考的时间里，"我"自然不能知道钱老会怎么说。梦导要先考虑好让"我"以什么

---

❶　关于前思台、后思台概念，见附录二。

身份见钱老，然后根据"我"的身份，来安排钱老的问话内容。梦导确定了"我"是教师身份后，安排钱老问"你们学校师资力量怎么样"？由于梦剧是即编即演的，梦导一想好了钱老的问话内容，梦导马上就搬到前台演出了，梦导绝不会先告诉"我"后再搬到前台演出的。所以，"我"不可能事先知道钱老的回答。

【体会】

体会 1　如果读者认为，此梦剧仅仅是钱老问了几句话而已，那就会觉得析梦没有多大意思。如果读者不了解艺术作品的含义通常都是"**意在戏外**"的特点，就不能欣赏艺术作品；如果不了解梦剧的最大特征是"**点到即止**"，也是不能欣赏梦幻艺术作品的。其实，此梦剧不只是反映我对钱老个人的崇敬，而是反映了我对几十年来一批又一批归国华人科学家崇敬的心情。中央领导人看望钱老为什么会引起我的感动呢？就是因为我对这些杰出的"海归"怀有崇敬的情感。剧中钱老询问"我们"学校的师资情况，是梦导在诸多素材中选择的一个艺术典型而已。梦导设计这个典型情节，点到即止，梦导通过这个典型情节要反映的意义，也是意在戏外的，需要欣赏者揣摩之。"我"是这幕剧的唯一观众，我当然能理解此剧的含义。但是，这出梦剧现在写在书里，其包含的戏外之意，就需要读者细细揣摩之。关于"海归"科学家们的爱国情感和他们的杰出贡献所产生的作用和意义，我想过很多。"海归"问题涉及面相当广，读者们不妨就这些话题展开讨论。

体会 2　每个人都是作家，因为每个人都会编剧——比如编梦剧。所以，不要说自己不会写小说，你每天都在写梦剧小说——因为我们每天都会做梦。

梦例 3——吸烟之梦　　19960303 号（一，32）

（前面有一段长长的梦）梦的记录如下：我们一家三口又去饭店吃饭，在上坡时碰到 SU 和 W 两口子。SU 拿出香烟给我吸，说是新牌子。我看了一下，上面写的是"鞍钢精制烟"，烟盒是蓝色的。这不是卷烟，而是散装烟丝，灰白色，烟丝上似乎有雾状物。我对 SU 说："你在四川时不吸烟，现在怎么吸烟了？"他爱人说："一天抽一包多。"我告诉他，我已经戒烟了。他们夫妻走了。我们上台阶准备进餐厅。……

这个梦的奇特之处是，市面上并没有"鞍钢精制烟"售卖，但是在梦中它怎么会出现呢？让我们看看梦导是怎么创作这出梦剧的。

【观摩"吸烟之梦"的创作】

第一步，梦导接收并确认梦点信号。

这个梦的梦点并不难找。我家亲戚开了一个小卖部，昨天晚饭后我散步到了小卖部，碰见刘某来买烟。他买的是"希尔顿"牌香烟。他递给我一支，我说，我戒烟了。我们议论了最近出的新牌子"中南海"牌香烟，烟盒的颜色是蓝色的。碰到刘某买烟就是此梦的梦点。

第二步，梦导根据梦点，到记忆库里搜索与梦点相关的心情。

梦导搜索时没有将我对刘某的印象搜出来，却将刘某的同乡 SU 给我的印象搜出来了。这叫连带搜索，或称顺带搜索。因为白天我想到过 SU。SU 给我的印象是非常好的。他是个勤勤恳恳、任劳任怨的人，又是非常节俭的人。

第三步，梦导根据梦点及与梦点相关的心情确定梦剧主题。

本来是烟与刘某的关系，现在被烟与 SU 的关系取代了。这里之所以发生人物角色替换，是因为搜到的心情变了。梦导搜索时，没搜到我对刘的印象，而搜到了我对 SU 的印象，心情是我对 SU 的美好印象，自然要将 SU 取代刘了。所以，根据心情，此梦的主题应是表达"我"对 SU 的美好印象。

第四步，梦导构建梦剧框架情节，以表达梦剧主题。

梦导用梦点切换思路来构筑梦剧框架。梦点切换思路是梦点续演思路的一种，都是从梦点出发，沿着梦点来编创新的故事。根据思路，梦导采用了白描手法来设计情节。梦导设计了 SU 吸散装烟的典型情节，来表达他很节俭的品质。

第五步，梦导根据框架情节及梦剧主题，设立梦剧主要人物。

SU 肯定是梦剧主角，根据参与规则，"我"也一定是主要人物之一。梦导还设立了 SU 的爱人为次要人物。梦剧的开始和结尾还设立了"我们一家三口"，"我"爱人和小孩都是梦剧中的次要人物。

第六步，梦剧的情节、背景、道具等的设计及演出。

背景是在一家饭店的门口。这个背景来源于上一个梦剧。我记得此剧前

27

面有一个长长的梦，此梦剧的开始和结尾都是"我们一家三口"去饭店吃饭。这是**插入型梦剧**。上一个梦剧演到"我们一家三口又去饭店吃饭"来到饭店门前时，关于香烟的梦点强度突然升高，梦导不得不暂时停止上一个梦剧的演出，而创作一个关于香烟的梦剧并插入进来。插入的梦剧演完后，在上一个梦剧断开处再连接上一个梦剧的演出。所以这个插入的梦剧的背景就是上一个梦剧的饭店门口。上一个梦剧我忘了，未记录到，只记得本梦的前面有很长的梦。"SU 拿出香烟给我吸"，这重现了白天刘某递烟给我吸的事件。不同的是，香烟的牌子变了，刘买的是希尔顿牌香烟，梦剧中却是"鞍钢精制烟"。梦导为什么做了这样的变更呢？这里涉及发散思维。梦点是刘某买烟，刘是东北人，梦导在搜索与梦点相关的事件时，将同为东北人的 SU 搜到了。因为 SU 给我印象深，梦导马上将我对 SU 的印象取代了我对刘某的印象。SU 曾与我共事五年，并且给我留下了很好的印象；而刘某只是我认识一两年的一个熟人，在与我的情感关系上，两个人不能等同，所以梦导做了这个变更。这里变更的连接点是"东北人"。SU 与我共事期间是不吸烟的，现在是否吸烟，我也不知道。但梦导为了表现主题，安排他吸烟了。他应该吸什么牌子的烟呢？吸家乡产的香烟是首选。这里，由"东北人"变化到"东北"地方。东北这个地方有什么牌子的香烟？我不知道。但梦导在我的记忆库搜到了我对东北三省的印象。那时的人们都知道，东三省最重要的单位之一是鞍钢，它是东三省的一张"名片"。由东北的"名片"来设计东北产的香烟的牌子也是顺理成章的事。梦导于是构思了"鞍钢精制烟"牌子，并将烟盒的颜色设计为白天我与刘议论的新牌子烟——"中南海"牌烟盒的蓝色，"鞍钢精制烟"也是"新牌子烟"。

"这不是卷烟，而是散装烟丝，灰白色，烟丝上似乎有雾状物。"散装烟丝比卷烟要便宜得多，烟丝呈灰白色，烟丝上似乎还有雾状物，说明不是什么优质的烟丝。梦导设计 SU 吸这样的香烟，用意显然表示 SU 很节俭。

SU 的爱人说 SU"一天抽一包多"表达了他爱人的不满情绪，这非常符合现实中的情理，因为没有哪个妻子会真心同意丈夫吸烟的，除非妻子也吸烟。梦中"我"告诉 SU，"我已经戒烟了"，这是"我"必然要说的话。我吸烟吸了 20 多年，戒烟也戒过好几次，1995 年下半年终于把烟戒掉了，此次碰到老朋友肯定会告诉他这件事的。这是此梦剧的副主题，即第二主题。一个梦剧的主题有时不止一个。但副主题是依附在第一主题之下的。

此梦剧只设计了 SU 吸烟的典型情节，这个典型情节只能反映 SU 的节俭品质的一部分，并不能反映他在其他方面的优秀品质。这个典型情节的戏外之意是反映 SU 整个人的优秀品质，这需要观众"我"将戏外之意补上。

【梦剧创作理论探索】

（1）这个梦中，梦导很明显地使用了关系联想、基点发散、同类联想、角色替代、推理联想等手法。因为刘某是东北人，经**关系联想**，此梦就以"东北"为基点创作：SU 、"鞍钢精制烟"都是从"东北"这个基点发散而来的。由刘某是东北人，经**同类联想**手法，联想到同是东北人的 SU。由于我的心情是怀念 SU，梦就应当以 SU 为主角，于是此处就发生了**角色替换**：将刘替换为 SU，并以 SU 为梦的主角。真实事件中刘与烟的关系被梦中 SU 与烟的关系替代。SU 本来是不吸烟的，但梦点烟是剧情的线索，于是梦导安排 SU 也吸烟了。现在真实中的 SU 是否抽烟，我并不知道，因为他在海南，几十年没联系过了。梦导将不吸烟的 SU 设计为吸烟了，这是**强加于人的手法**。SU 抽的烟应该是什么牌子的烟？当然是家乡东北出的烟最适合。东北有什么牌子的烟？现实中的我不知道。不过，这没关系，梦导作了**推理演绎**：当时的人们都知道，东北三省最重要的单位之一是鞍钢，提到东北，人们大脑中首先闪现的是鞍钢印象，梦导于是就创作了"鞍钢精制牌"烟。另外，生活经验原理在本剧中的应用也很多。

（2）本剧是一个难得一遇的**插入型梦剧**。如果读者中有人也做过插入梦，并且又能记住插入梦的前一个梦和后一个梦，要注意将插入梦区别开来。因为每个独立梦剧都有自己的梦点和主题，各个独立梦剧的梦点和主题通常又不相同，如果不能区别它们，则梦点和主题就会乱，这样梦就很难解了。

梦例 4——学生违纪之梦   20060127 号（一，125）

梦的记录如下：学校通知我，我去了学校。见一个大办公室中有几个老师在办公。我问老师是不是找我，我说我是 Z 某某的家长。我见一个学生低着头在接受教训，不一会儿那学生走了。我问其中一个老师，找我有什么事。

老师说，Z某某出板报，写了曹靖清。我一想，写曹靖清做什么？我问，他写曹是好人还是坏人？老师不答。我说，写曹要看写什么，是赞扬还是批判，不能一写就认为是错。老师始终没有说是赞扬还是批判。我想，Z从来都不看报纸，对时事从不关心，怎么会写曹靖清呢？老师最后对我说，再给半年时间察看，不行，就请离开我们学校。

这是一个非常奇怪的梦，怎么学生只要写了曹靖清的名字，不管写他好还是写他坏，都被认为是犯了严重错误呢？"就请离开我们学校"不就是开除吗？写个名字就是这么严重的问题呀？这与现实差得也太远了。现在我们来看看梦导究竟是怎样构思设计这个奇怪的梦剧的。

【观摩"学生违纪之梦"的创作】

第一步，梦导确认接到的梦点信息。

大约是元月6日，Z（住校生）的班主任打电话给我（我是Z的代管家长），要我去学校，我去了。老师说，Z某某有多次连续迟到等违纪行为，去年因为严重违纪，受到××××的（严厉）处分，现在表现又不好，很危险，如果不改正，今年6月份就不能撤销处分。

这个梦就是这一事件的续演。我始终很担心，怕Z管不住自己。因为如果不撤销处分，就不能参加高考，此事非同小可。我对该校处理学生违纪的尺度，不敢恭维。上次没轻没重地给了严厉处分，要是这次又因为Z迟到、晚归等问题而受到严重处理，不能参加高考，那么这个年轻人的前途就毁了。所以，我非常担心。老师找我虽然已过去半个多月了，但此事却一直萦绕在我心头，从而引发了此梦。

第二步，梦导搜索与梦点相关的心情。

梦导接到这次的梦点信息后，就到记忆库搜索与此梦点有关的信息，结果就将上次Z违纪受处分的事件信息搜出来了。上次Z因违纪而受到该校的严厉处分，我很不认同。因为我认为上次Z违纪不是特别严重的事，只是晚自习后Z上网吧很晚归校，违反了学校的规定，而不是打架、盗窃之类的问题。当时我找了学校有关部门，请求不要给Z过重的处分，但不管用，学校还是给了Z极重的处分。这次Z再次违纪，而且传呼家长，也许又真的颇为严重了。因此，梦导认为，我不认同该校处理学生 Z 违纪的尺度，就是此次梦剧要表达的梦者的心情。

第三步，梦导根据梦点及与梦点相关的心情，确定此梦剧的主题。

此梦剧的主题显然是表现该校处理学生违纪的尺度失衡。

第四步，梦导构思框架情节，以表达剧目主题。

梦导要构思一个什么样的故事来表现学校处理学生违纪的尺度把握得很糟糕呢？学生违纪的类型很多，其轻重程度也有很大差别。处理学生违纪尺度把握得不好，应该表现为，将小的、轻的违纪行为处分得很重；或将大的、严重的违纪行为处理得很轻。从上次处理情况来看，是将小的、轻的违纪行为处理得很重。那么梦导是不是要构思一个学生的很小、很轻的违纪事件被处分得很重的故事？去年 Z 因晚归而受到极重的处分，今年 Z 又因迟到将面临极严厉的处分。这次梦导是不是还将构思一个迟到或晚归的违纪事件？那样未免太缺乏艺术性了吧？梦导的艺术水平之高超是我们难以想象的。出乎所有析梦人的预料，梦导构筑了一个根本就不是违纪的"违纪事件"来让观众评断，学校处理学生违纪的尺度是不是把握得很糟糕。学生只是因为写了台湾地区副领导人的名字，就要面临被开除的处分！这叫任何人看了，都会觉得这所学校处理学生违纪的尺度把握得太糟糕了。这真是绝妙的构思。

第五步，梦导根据梦剧框架情节，设立梦剧中的主要人物。

根据梦剧主题，代表学校的老师当然是主要人物。根据参与规则，"我"也是不可或缺的主要人物。有这两个主要人物，就能够演绎梦剧主题了。根据剧情的演出，还可以临时设立一些次要人物。

第六步，梦剧的情节、背景、道具等的设计及演出。

梦中"曹靖清"三个字非常清晰，其来历我已还原不了了。只记得网上或报纸上出现过"靖华"等类似名字，事后我在网上查找，也没有查到确定的结果。

为什么剧中出现了一个学生正在被训的镜头呢？这个次要人物的设立，是梦导要告诉观众，演出的背景是在学校的训教处。训教处也没有几个老师，这些老师连具体的形象都没有出现，因为是次要人物。训教处房间很大，梦导考虑到，有时一个违纪事件涉及的学生比较多，房间小了不行。

梦导构思设计的违纪事件的典型情节是出板报时 Z 写了曹靖清的名字。高中班级出板报是班级自己的事，老师是不管的。Z 写了曹靖清的名字应是老师事后发现的。梦导设计 Z 写曹靖清的名字为什么选择写在班级的板报上，而不是作文里、纸片上，或其他很随便的地方呢？写在作文里，没有扩散出去，影响面不够；写在走廊里、外墙上等地方，影响似乎又太大了，也不好酌情处理，因为学校并不想一棍子打死，而是想"给半年时间察看"；写在班级的板报上，影响面正合适，说大不大，说小不小，可灵活处理。"我想，Z 从来都不看报纸，对时事从不关心，怎么会写曹靖清呢？"现实中的高中生 Z 是从不看报纸的，2006 年时高中生不可能有手机，谈不上从手机上看新闻。那么梦导为什么安排"我"做这个自问呢？这个自问表示"我"对事件的分析：从不看报的 Z 写曹靖清的名字，"我"认为 Z 是道听途说、故作新奇而写的，并不是思想上、政治上有什么问题。如果学校给以重的处分，"我"就以这个分析据理力争，阻止其给以重的处分。

至此，我们对梦导构思、设计的梦剧主题、主要人物和次要人物及他们的活动、剧情、背景等所有细节都已看得清清楚楚，对此梦已经没有任何神秘感了。

这个梦剧设计的典型情节很简单：Z 因写了曹靖清的名字，就要面临被开除的处分。这个典型情节所透视的含义就是，我认为这个学校处理学生违纪的尺度把握得太糟糕了。这充分表达了梦剧主题，表达了"我"对该校强烈不满的心情。

【梦剧创作理论探索】

从梦导这个构思、设计，我们从梦剧理论上又能得到什么提炼、提高呢？读者有没有想过，梦导为了完成任务——证明学校处理学生违纪尺度失衡，几乎是"不择手段"了。那么，我们就给这个梦剧的构思手法一个名称：服务主题而不择手段原理。这个原理几乎贯穿在每个梦剧的构思创作中。当然，首先要确定了主题，其次一切情节设计都为主题服务。所以，此原理也可以称为**服务于主题原理**。实际上，服务于主题原理是一切艺术创作的总规则。梦剧是有主题的并根据一定规则进行创作和演出的活动，这完全超出了人们的想象。

【深度思考】

梦中，学校认为，写了曹靖清的名字就是犯了严重错误——当然还是政治错误。这算哪门子事呢？这太无理了吧？在现实中有这样的事吗？我反复思考发现，现实中还真有这样的事。我将这样的事取一个名字：禁言禁忌，或称禁言忌讳。什么叫禁言禁忌？有的话、有的字、有的词，就是不能说出口，只要说出口，就被认为犯了忌讳。例如，对某些人，尤其是对某些女人来说，"死"字就是绝对要禁言的。不管你再三申明，这是"比方""如果"，只要说出有关她或她的亲人一个"死"字，她就认为不吉利，犯了大忌。这是情感禁言禁忌。戏剧中我们也看到，恋人们海誓山盟时，男的说，如果背叛誓言就遭天打雷劈，此时女的赶紧去捂住男的嘴巴。这就是禁言忌讳的表现。在信仰中有时也会出现禁言忌讳。古代皇帝的名字也是禁言的。不过，有时在政治中也有禁言禁忌现象。此梦中，梦导用的就是政治禁言禁忌。看来，梦导真的绝顶聪明，使用了政治禁言禁忌手法，我们还不知道呢。当然，梦导自己也认为政治禁言禁忌是不对的，所以用来证明学校的错误。梦导的认识当然也是我的认识。梦，还真有藏得很深的奥秘等待我们去发掘。我们又有了一个发现：**禁言禁忌手法**。

梦导使用禁言禁忌手法构思梦剧，对我们有什么启示呢？以往，我们总以为自己不够聪明，没有什么奇思妙想，但你的梦却可以证明给自己看，自己是有奇思妙想的。我们对自己的智慧要充满信心，我们要向梦导学习。

梦例5——与张医生交谈之梦　　19981115号　周日（一，17）

梦的记录如下：**我把买来的书给张医生看，张说，你要先看基础理论。他就给了我一本（他自己的）书。我翻开看看，并不是医学书，而是收藏方面的，是珠宝、玛瑙、古画图片之类的。**

这个梦其实有两个关系并不很紧密的内容：一是关于医学的书；二是关于收藏的书。现在看看梦导为什么要将两个关系不大的内容放在一个梦剧里。

【观摩"与张医生交谈之梦"的创作】

第一步，梦导接收并确认梦点。

这是午睡中做的梦,梦点是紧接着上午的事情——与张医生交谈。上午我爱人、岳母及 ZH. L 一起去一个湖北来的张姓中医的诊所看病。周日我要去买报纸,经过诊所时见到我爱人在那里,我就进诊所去了。张医生人很随和、健谈,我与他聊起了人们对中医的看法、中医现状和中医理论等。我临走时张医生说:"你也算半个知己了,你再学一下就可以看病了。"从他诊所出来后我就去买报纸,顺便买了一本《中医临床基本处方手册》。至于收藏品的来历,那是买报纸前看了电视中关于收藏、拍卖的节目。这实际上是第二个梦点。

第二步,梦导搜索与梦点相关的心情。

上午与张医生交谈的梦点启动梦活动后,梦导到我的记忆库里搜索与梦点相关的心情,将我早就想学中医的心情搜出来了。

第三步,梦导根据梦点及与梦点相关的心情,确定梦剧的主题。

梦导要确定的梦剧主题就是反映我想学中医的心情。

第四步,梦导构建梦剧的框架情节,以反映梦剧主题。

梦导根据梦剧主题,确定用"**梦点续演**"的思路来构建框架剧情,也就是接着梦点继续表演。根据这个思路,梦导采用了**白描手法**来设计情节。梦导设计了两件事:一是"我"买了医学书;二是"我"向张医生请教。梦导用这两个框架剧情来表达"我"想学中医的主题。

第五步,梦导根据梦剧框架情节设立梦剧主要人物。

显然,张医生和"我"是梦剧主要人物,也不需要其他次要人物了。

第六步,梦剧的情节、背景、道具等的设计及演出。

背景应该还是张医生的诊所。"我把买来的书给张医生看",应该是指我上午买的《中医临床基本处方手册》。给张医生看,是想得到张医生的指导,请张医生看看这本书是否适合我学,反映我想学中医的心情。梦中张医生要"我"先看基础理论,显然张医生认为这本《处方手册》不是基础理论,而是理论的应用经验。梦中张医生说的"你要先看基础理论"这句话,就是他上午对我说的原话。为了指导"我",梦中张医生"给了我一本(他自己的)书"。这说明张医生对"我"学中医很热心,将"我"当"半个知己"了,否则他怎么会将自己的书送给"我"?梦剧中的情节印证了白天我与张医生相谈甚欢的情景，印证了我对他为人的好评是对的。"我"翻开书看，反映了"我"急切的心情。短短的剧情将我想学中医的心情，将我对张医生的好评表达出来了。

但是"我"翻开书看，书中却是收藏品的图片。张医生送给"我"的书，怎么会不是医学书呢？这里剧情发生了转折。之所以发生剧情转折，我认为是两个原因共同形成的：一是"我"与张医生互动的剧目的表演任务已基本完成了；二是电视栏目中收藏品的兴奋点的兴奋度增强了。翻开书看，如果是医学内容，梦剧剧情将怎样继续呢？中医理论的内容很多，要捡哪一个内容来与张医生互动、请教？那是具体的某个医学理论问题了，而此梦剧的主题是"我"想学中医，而不是表演学某个具体的医学问题。由上午与张医生互动的梦点引发的"我想学中医"剧目的演出已经基本完成了，我想学中医的心情也表达了。既然这样，剧情可以转向第二个梦点了。于是，梦导将书作为梦境转移的连接点，使"我"打开书看的时候，将剧情转折，转到我上午看的电视节目内容。其实，这个事情的梦点强度也是较高的。白天的兴奋点很多，为什么偏偏收藏品的电视内容的兴奋度会更高呢？这主要来源于我对该节目的兴趣比较高的缘故。我对收藏品的知识几乎为零，是我的知识空白点。但生活中我们有时会碰到需要一些收藏品知识的问题，我不能对收藏品知识一无所知。所以，上午电视中收藏品内容的兴奋度比较高。以前我也翻看过收藏品的图册，梦中翻看的就是我以前看过的收藏品图册之类。

这两个相连的梦剧的情节都非常简单。如何来理解戏外之意呢？我们又要注意梦剧"点到即止"的手法。

【梦剧创作理论探索】

此梦剧的**白描手法**其实就是艺术理论中说的写实手法。梦剧中的情节重现了白天的真实事件，但梦导对真实事件进行了裁剪和选择。真实事件中，我与张医生进行了广泛的交谈，交谈内容不仅仅限于医学，我爱人等三人都在场，她们也参与了交谈，我还听了张医生给她们三人看病的过程。从中我们看到，写实手法不是将真实事件完全照搬，而是根据主题进行剪裁和选择。写实手法被广泛应用在许多艺术创作之中。但梦导运用写实手法与艺术家们运用写实手法又有很大不同。梦导运用写实手法，将真实事件裁剪到最简单的地步，就像在此剧中看到的。要是表演艺术的作家们也将真实事件裁剪到这种地步，那这样的表演观众就看不懂了。同样是运用写实手法，梦导与艺术家们为什么有不同呢？原因就在于观众不同。表演艺术的观众有很多人，艺术家们必须让绝大多数观众能看懂表演。但是，观看梦剧的观众只有一个人，而且这个人就是梦剧的创作者本人。梦剧创作者在裁剪和选择素材时，只选择典型情节就行了，细节一律裁掉，他知道观众能理解所选事件的广泛含义。这就是梦导创作梦剧时使用"点到即止"手法的原因，这样做的理由是可以节省大量的智力能量。写实手法也可以叫白描手法。

2　同模异剧梦

有些电视剧模式是相同的，而剧本有些差异。例如，两个青年男女热恋了，双方家长知道后，坚决反对，因为两家有杀亲世仇，然后衍生出复杂的剧情。这个模型的电视剧很多，它们的剧情只有小小的差别。还有这样的模型：一个女人为了追求荣华富贵，抛弃丈夫和女儿，远走美国。女儿有一段贫困的生活经历。在关键时刻，母亲回来了，要认这个女儿，遭到女儿拒绝。然后是任某外国公司董事长的母亲在经济上暗中帮助她女儿，终于化解了母女间的怨情。这类模型剧也很多。过去中国小说中也有某种模型：多情女儿薄情郎模型。书生进京赶考，在困境中偶遇某位小姐，小姐帮他、爱他，双方定下海誓山盟。书生后来金榜高中，被皇帝或某个大官相中，欲招为女婿。书生背叛了自己的海誓山盟，然后演绎出一段曲折的故事。各类同模的剧本非常多。梦也有同模异剧的类型。什么叫同模异剧梦？模拟地表达真实事件或真实事件引发的心情的梦剧就叫同模异剧梦。模有两种：一是梦中事件与真实事件相同或相似；二是梦剧表达的心情变化过程与真实事件中心情变化过程相同或相似，将前一种梦剧称为**事件同模剧**，将后一种梦剧称为**心情同模剧**，或情感同模剧。在下文中，将用梦例 6、7、8、9 来让读者见识同模异剧梦的艺术形式。

梦例 6——九宫格之梦　　**20141120 号**　周四（三，60）

梦的记录如下：有几个人围成一个很大的方形，每个人面前有一个小的方形盘子。盘子是九宫格的，但中间那个格是空的。要每个人用东西（如球、石头等）从一米左右的高度往下砸，要将格子面上的盖板砸穿，才算成功。除了中间的空格子外，每人共有八个格要砸。盖板的颜色不一样，有灰白色的、鲜红色的、白色的，都是浅色的。我砸了几个浅红色的，都成功了。其他几个人也砸，好像成功的人不多。

梦中"我"在玩游戏，真有意思。到 2014 年，这样的梦对于我来说，不再新奇。从梦导的构思创作的角度看，是比较简单的梦剧。

【观摩"九宫格之梦"的创作】

第一步，梦导接收并确认梦点信号。

梦导接到的梦点信号是一种叫作"数独"的智力游戏。以前我不知道有"数独"这种智力游戏。前几天从一本推销养生保健品的杂志上看到了数独题，于是我在网上购买了一本数独习题的书。数独题是一个大的九宫格中，又有小的九宫格，即大的九宫格中的每个格，又画成小的九宫格，即（3+3+3）×（3+3+3）的形式。将数字 1~9 填入小格中，要求小的九宫格中的 9 个数字不能有重复，大的九宫格的每行、每列中的 9 个数字也不能有重复。我是第一次做数独题，有些题较难，那几天我一有空就做"数独"题。尤其睡觉前还玩，就做了上述的梦。

第二步，梦导搜索与梦点有关的心情。

梦导到记忆库里搜索与玩"数独"游戏的心情，很简单，就是想继续玩这种游戏。那几天满脑袋装的都是九宫格，所以心情就是继续玩。

第三步，梦导根据梦点及与梦点相关的心情来确定梦剧的主题。

将搜到的心情直接确定为梦剧主题，即继续玩"数独"游戏。

第四步，梦导根据主题，构思梦剧的框架情节。

梦导使用梦点改编思路来构筑梦剧框架。梦点是做九宫格智力游戏，梦导为满足"我"想玩九宫格游戏的心情，决定设计一个适于表演的九宫格游戏来表达梦剧主题。之所以要改编，是因为智力游戏不好表演，与第五规则即**适于表演规则**相悖。梦导要在九宫格智力游戏的基础上改编，改为适于表演的形式。所以，采用了同模异剧的艺术手法来设计。九宫格就是真实与梦剧相同的模型，这是最典型又最简单的事件同模异剧梦。梦活动是艺术创作和演出的活动，是表演艺术，梦导并不甘心于照搬现实，它要将现实事件加以艺术化。它艺术化后的创作见"梦的记录"。从梦中画面看，游戏规则变了：不再是智力游戏，也不再是一个人玩的游戏。梦导认为，一个人玩"数独"游戏，玩者的思维活动不便于在舞台上表演出来，与适于表演规则相矛盾。可以设想一下：舞台上就一个人在埋着头用铅笔填数字，他的思维活动表现不出来，观众会满意这样的表演吗？可见，照搬现实是不行的。所以梦导必须将玩"数独"的游戏规则大刀阔斧地加以改变。不过，九宫格的形式还是保留下来了，因为梦点就是九宫格。可见，改编后的游戏仍然是九宫格游戏，只不过不再是智力游戏罢了。新的九宫格游戏是表演玩者操作的精确度水平，观众能够欣赏梦剧舞台上选手的水平高低了。

第五步，梦导根据梦剧框架情节，设立梦剧主要人物。

"数独"游戏通常是一个人玩的，那么"我"就是唯一的主要人物了。但是，梦导艺术化后的九宫格游戏是多人玩的，梦导又需设立多个次要人物。梦剧主题是"我"想玩九宫格游戏，那么其他玩者就是次要人物。

第六步，梦剧情节、背景、道具等的设计及演出。

这个很简单的梦剧，背景就是一个大的空地，道具是架子上放着九宫格的盘子，还有实心球、石块那样的东西，情节就是砸盘子中的那八个格子。所以，演出非常简单。盖板的颜色为什么都是浅色的？这个问题，舞台灯光设计师比我更能科学地解释。梦剧艺术与电影艺术一样属于视觉的艺术，在黑暗的睡眠中，在梦剧的模糊背景中（梦中的大背景都是模糊的），浅色更容易显现。浅色的种类比深色种类更多，也便于区别多种物件。从梦剧的画面中看，"我"都砸中了，其他人砸中的较少。梦导为什么这样设计？原因是这样的：第一，经过几天的练习，数独习题集前面（约2/3篇幅）的题目我基本都能解了，成功率较高；第二，解题还是有一定难度的，不是所有人都有较高的成功率，否则就不是智力游戏了。

【梦剧创作理论探索】

梦剧中的九宫格与数独中的九宫格是基本相同的，这是两者共同的模，这是一个同模异剧梦。"同模异剧"之"异"是值得推敲的字眼，模相同，但"剧"却不同了。梦导时时记住了梦剧是表演型艺术活动，所以它必须对现实事件进行艺术加工，将智力游戏改造成操控性游戏。经过艺术加工后的九宫格游戏，更适合于表演，也更适合于观看了。

同模异剧的构思思路应用在多种艺术创作之中，也被梦导用于梦剧创作是不奇怪的，因为各种艺术之间有互通之处。同模异剧思路的实质是什么？应该是模仿能力的展示。似乎人人都具有天然的模仿思维能力。但将这种模仿能力应用于艺术创作，是不是人人都有的能力呢？我不敢妄下结论。我自学过作曲，在业余宣传队时也曾创作过几首歌曲。作曲需要模仿构思，这也许是一次模仿构思的实践。这一经验是否被梦导用于梦剧创作了？我不得而知。

【深度思考】

这个梦很简单，解析也不难，但其意义是很大的。如果你连续几天玩某个游戏，游戏中的角色就很可能会进入你的梦境；你特别关心你的宠物，你的宠物就可能进入你的梦；你痴迷某个事物，这个事物就可能进入你的梦境。这类梦很多很多。这些都是无关痛痒的事和梦。但是，请注意以下的现象：某些人经常思念去世的母亲或父亲，她的母亲或父亲就会进入梦境。如果能认识到父母进入梦，是思念的结果，这倒无所谓；但有些人认为母亲或父亲显灵了，托梦了，要自己如何如何去做些什么事，而自己真的要按梦中所托去做，那就是不理解梦的秘密了。我们将以上现象取个名字吧：**强思入梦现象**，即较长时间的高强度思维，其思维对象很可能会入梦。强思入梦现象是所有人应当高度重视的思维现象，它有多方面的作用和影响。以后我们还会提到它的作用。

梦例7——智障女梦　　20141125 号　周二（三，62）

梦的记录如下：有个年轻的女孩（约 20 多岁）有智障，她竟爬到我的床上（不是常见的床，而是一米左右高的单人木板床，与学生用的双层床很类似，但此床只有一层），肮脏的双脚也放到床上了。我要她下来，她不听，她还用双脚将床单揉成一团。又过来一个男孩，穿得很干净，穿的是深蓝色、发亮的上衣，似乎也有智障，他也上了我的床。他睡在床里，女孩睡在床外。

我叫他们下来，他们终于下了床。我看她向前走，忽有人说，"她还没吃饭呢"（此时，路前方左侧出现了一个卖早点的小铺）。我喊那女孩，告诉她，我要买早饭给她吃。女孩不听，继续往前走去。我心里很难过，怎么能让她饿着走呢，我难过得哭了，觉得自己不应该。

我在深圳生活很多年了，从没见过有智障的年轻女孩。梦中竟有这样的年轻女孩爬到我的床上来了，真是匪夷所思。第二天说给我爱人听的时候，她笑起来了："年轻女孩，又有智障，你走桃花运了吧？"我被她取笑了一番。到 2014 年，我的梦剧理论已基本形成，对这个梦剧的梦点，当然很容易就知道了。我告诉爱人，这一定是昨晚她与我一起看的电视节目引起的。现在来观摩、欣赏梦导创作此梦剧的过程。

【观摩"智障女梦"的创作】

第一步，梦导接收并确认梦点信号。

此梦有两个梦点。前天（23 日），我的一个亲戚说想来深圳玩，我准备买一张床，并到几个店铺考察了一番。这是梦点之一。智障女的来源是江西卫视《金牌调解》节目。这是梦点之二。

昨晚《金牌调解》节目的主角让我非常震撼。她是二姐，接近 50 岁的模样。她对其父恨之入骨，认为全家人都对她不好，而对大姐好。她要砍死她的父亲；过去借给父亲的 1000 元，父亲已经还给她 5000 元了，她还不满意；借给母亲的几百元，她也要母亲还。因此我很厌恶这个女人。但节目组有心理医生对她进行了现场心理测试。心理医生在调解现场随便找了一位男士充当她的父亲，并告诉她，这位男士假扮你的父亲，你现在看着你的父亲，对他说话。她紧闭着双眼，始终不敢看这个假的父亲，神情非常紧张，身体似乎还在颤抖。她的反应令所有在场的人和我极其震撼。她有心理疾病！她是病人！当时我就在内心责问自己：心理医生能看出她有病，我为什么看不出来呢？我觉得自己很不应该，起初我对她的厌恶，使我感到深深的自责。

这个电视节目当晚对我的刺激很强，成为梦点是很自然的；买床是白天的事，跑了好几家店，虽然累一些，但也没觉得是兴奋的事，怎么它也跑到梦中来，成为另一个梦点。所以，这个梦由两个梦点引发。

第二步，梦导搜索与梦点相关的心情。

梦导到我的记忆库搜到与梦点相关的心情是什么？是我看《金牌调解》节目时的心情。看节目时我的心情是什么？是先厌恶后自责，而且当时自责情绪很强烈。

第三步，梦导根据搜寻到的心情确定梦剧的主题。

主题是根据梦点及与梦点相关的心情联合确定的。在这里，梦点是那位有心理疾病的妇女，心情是我看电视时，这位妇女引起我先厌恶后自责的心情。所以，梦导确定这出梦剧的主题是反映我先厌恶后自责的心情。

第四步，梦导构思、设计剧目的框架情节，以表达梦剧的主题。

梦导要构筑一个什么样的情节来重现我先厌恶后自责的心情变化过程呢？我从来没写过小说或剧本，也不善于说故事，更不会虚构故事情节。在清醒状态下要完成这个任务，不是完全不可能，但要花费很长时间来构思。要在几秒钟、一两分钟时间内虚构这样的故事情节，清醒状态下我绝对做不到，恐怕绝大多数人在清醒状态下也做不到。此外，平时我见到精神病人都是以同情的心情看他们的，不会厌恶他们。有时还想研究精神疾患，并买了一些有关的书来看，因为写作，也没有时间来研究。所以，平时我是不会厌恶他们的。现在要构思"我"厌恶有心理疾患的人的故事，真是一个难题。

同一个大脑，清醒时完不成的任务，睡眠中梦导却完成了构思。梦导的思路是梦点组合思路，梦点组合也属于梦点续演思路之一。梦导就地取材：以两个梦点材料来构筑梦剧的框架。两个梦点分别是有心理疾病的妇女以及床，就以这两个材料来构筑梦剧了。梦导使用的艺术手法是比照模拟，即用艺术手法来模拟现实事件。不过，构筑梦剧框架时必须要体现参与规则，在这个规则的要求下，梦导安排她上"我"的床，是很自然的选择。要通过她上"我"的床来构建一系列情节重现"我"的心情变化过程。这样的设计既体现了参与规则，又体现了心情规则。

第五步，梦导根据梦剧框架情节设立梦剧的主要人物。

梦导首先要设立一位有心理疾病的妇女，此外根据参与规则，"我"也是不可或缺的剧中人物。根据最简设计规则，有这两个剧中主要人物就够了。如果演出过程中需要其他人物，可临时安排次要人物或画外音来弥补。

梦导要构思一位有什么样的心理疾患的妇女形象，这大有讲究。这里总的原则是紧扣梦剧主题的表达。主题是重现先厌恶后自责心情的表演，那么，对剧中主要人物的包容度就要大。否则，产生的就不是厌恶感，而很可能是对抗行为了。精神、心理疾患有很多种类，症状程度也有很大差别。《金牌调解》节目中的那位妇女的心理疾患应该算很轻的，所以大多数人都看不出来她有心理障碍，正因为如此，她的行为才不被大多数人理解。如果将这样轻度的心理障碍者安排到梦剧中，"她"的行为同样会使"我"这个主要人物不理解。"我"对"她"的出格行为的包容度可能就很小了。也就是说，对"她"出格行为不是产生厌恶感那么轻，而很可能制止行为了。所以梦导要构思一位能使人一看就知道有精神疾患的妇女形象。为此，梦导索性将剧中人物的心理疾患加重一些，使人能看出她有心智障碍。梦导在这里使用了另一条创作原则——**适于表演规则**，或称适于表演原理。梦导要设立的妇女形象多大年龄合适呢？50岁左右？还是年轻女孩？从包容度的角度看，应选择年轻女孩。事实是，几乎所有成年男人对年轻女孩的包容度都比较大。所以，梦导将梦点中有轻度心理疾患的50岁左右的妇女形象改成了有明显心智障碍的年轻女孩形象。

第六步，梦剧的细节、背景、道具等设计及演出。

梦导编创的梦剧在梦中上演了：一个年轻的有智障的女孩爬到"我"的床上，她那双脏兮兮的脚也放到床上了，这已经使"我"厌恶了，她还用脏脚将床单揉成一团，更使"我"厌恶至极。她有心智障碍，从道德层面上"我"应该包容她；从情感层面上，人们对年轻人的包容度通常要大一些。"我"有什么办法呢？只能厌恶而已。从道德上和情感上，"我"都不可能将她拖下床来。梦导怎么想到用这样的典型情节来使"我"产生厌恶心情，我真是佩服至极。要是我写小说，也不会想到用这样的情节来产生厌恶心情。看似平淡的荒谬的梦剧情节，里面深藏着精心的用意，我分析后感到极其震撼。

厌恶的心情表演完了，接下去就应该构思、表演自责心情的典型情节了。表演两段心情，就需要设计两个典型情节。前一个典型情节演完了，就要表演下一个典型情节。所以，这里剧情需要转折，转到下一幕。构思什么样的情节能使"我"产生自责的心情呢？这构思难度更大。只有"我"对她做错了什么，才有可能使"我"产生自责。所以，要使"我"产生自责感，梦导必须在我的道德素养水平的基础上来构思情节。当然，梦导对"我"的道德素养水平了如指掌。梦导构思的情节是："我"眼睁睁地看着智障女孩饿着肚子走了，"我"感到深深的自责。在现实中，这种情况我也会感到自责，当然不会自责到哭。

剧情的转折颇费功夫。难点有两个：一是怎样使她下床；二是怎样使"我"无法不让她饿着肚子走。为解决这两个难点，梦导设立了两个临时人物来进行剧情的转折。

为了使女孩下床，梦导设立了一位男孩也要上床的情节（注意，"我"的道德素养不允许"我"将她拖下床，这才需要别人帮忙）。需要设立一位什么样的男孩呢？当然是也有智障的男孩才最适合，因为正常男孩不会干这样的事。那男孩也要上床，床是单人床，当然睡不下两个人。梦中"我"没有看到他们下床的镜头，但知道他们都下了床。女孩下了床，剧情转折的目的之一就达到了。那个临时人物男孩完成了演出任务后就（退出舞台）消失了。这个男孩角色能不能换成女孩角色呢？恐怕不行。因为女孩与女孩可以紧紧地挤在一起，这样她们就可以不下床了，达不到剧情转折的目的。

怎样构思"我"无法不让她饿着肚子走呢？梦导首先设计"我"没想到，再设计有人提醒"我"。男孩和女孩下床后，"我"正庆幸呢，"我"还没有想到那女孩没吃早餐的问题，这使她走了一段路。当她走了一段较长的路后，才忽然有人说，"她还没吃饭呢"，对"我"进行提醒。"我"没看见什么人说的，这是梦导临时设立的一个无形象人物或画外音说的。几乎在画外音说的同时，左前方路边出现了一个卖早餐的小铺。"我"喊那女孩，说要买早餐给她吃，她不听，径直走了。"我"离她较远，只能眼睁睁地看着她走了。就是这一事件，才使"我"感到自己做错了事，自己为什么没早点想到给她买早餐呢？"我"心里难过极了。梦导构想这样的剧情将自责的心情表演出来，梦剧的主题得到充分的展示。梦导之所以这样设计，当然是根据我的道德素养水平来的。在清醒时，在相同的情况下，我是不会让那女孩饿着肚子走的，即便她不接受我的好意，我也会感到内疚。

梦中"我"为什么会难过得哭呢？现实中这样的事决不会难过得哭的。梦导为什么这样设计剧情呢？原先我以为，梦中难过得哭的心情是我看《金牌调解》节目时难过心情程度的再现。看节目时自责心情很强烈，如何表现自责很强烈呢？梦导就用哭的形式来表现。但后来我认为，这种分析可能不完整。看节目时只在内心自责，而表面上没有任何表现，更不可能哭了。我爱人就在我身边与我一起看电视，她丝毫没有察觉到我难过，更没有察觉到我难过的程度。也就是说，内心难过、自责，别人是看不出来的。读者要记住，梦剧是表演，怎样让观众知道舞台上的你内心很难过、自责呢？导演会要你用某种哭的样子来表演，这样观众才知道你难过。前一种分析也对，因为哭，也表达了内心难过的程度。梦导基于这两种因素而构思哭的形式来表达自责、难过的心情，这正是梦剧主题展示所需要的。设计哭的形式正是出于适于表演规则。

还有两个细节需要分析一下。那男孩穿得很干净、整洁，这是为什么？梦导考虑到，如果那男孩也是脏兮兮的，"我"肯定也会厌恶的，这不符合剧情需要。梦中"我"其实希望他能将女孩弄下床来，这是剧情转折所需要的，需要"我"对他有好感的。穿得干净、整洁也会加深"我"对他的好感。蓝色也是我喜欢的颜色，这又加深了"我"的好感。

梦剧中的那个道具——床很特别：既不是学生用的双层床，也不是普通的单层单人床。梦导为什么设计这样的道具，我曾很长时间不得其解。后来从床的宽度分析才得到解析的启示。如果道具是现实中的单人单层床，通常有 1.5 米宽，最窄也有 1.2 米宽。那样就能勉强睡两个人了。如果用这样的道具，那女孩就不会下床了。这与剧情需要不合。如果道具是学生用的那种双层床，宽度通常是 80 厘米或 90 厘米，最宽也只有 1 米。在一层上挤两个人是不行的，但它有两层，这显然不符合剧情需要。梦导需要的是宽度只有 80~90 厘米的床。如果是这样宽度的单人床，但高度是普通单人床的高度，硬要挤两个人，也未尝不可。如果将这样的单层床的高度加高，加高到双层床的高度，硬要挤两个人，床就会倒下了，这样女孩就得下床了。但这太危险了，这样高度的单层床放置很不稳，也不符合力学原理。所以高度要加高，但又不能加得太高。梦中那道具是只有 1 米左右高，宽度只有 80 厘米左右的单层单人床。这张奇怪的床就是梦导设计的既满足了剧情需要，又符合力学原理的道具。天哪，梦导设计道具精心到如此程度，简直不敢相信。

请读者注意，此剧的主题是重演我看电视节目时的先厌恶后自责的心情，但梦剧表演的厌恶对象和自责的原因与看电视时厌恶对象和自责的原因是两回事。看电视时我的厌恶对象是那位妇女的不合常规的行为，而梦剧中的厌恶对象是那位女孩的行为；看电视时自责的原因是责备自己观察能力差，没看出那位妇女有心理障碍；而梦剧中自责的原因是责备自己行为的失当。梦剧只是模拟地表达清醒时的某种心情，而不是完全照搬真实事件。

至此，梦导构思、设计的每一个人物、人物活动、情节、细节的用意及来源都已清清楚楚。因为我们已经进入梦迷宫的内部，又明白了梦导的思路，梦活动的一切都看得真真切切，任何神秘感都已消失。

【梦剧创作理论探索】

这是一出典型的**情感类同模异剧梦**。真实事件与梦剧中事件是风马牛不相及的两件事，但两者引起我心情变化的过程几乎相同，都是先厌恶后自责。从中我们看到了，梦导的艺术加工能力之高超，不得不令人震惊。

梦导使用的艺术手法是比照模拟，即用艺术手法来模拟现实事件。

此剧中有两个情节的设计都是出于适于表演规则。

【体会】

从两个细节的设计，即男孩的穿着和床的高度及宽度的尺寸设计中，我们清楚地看到，梦导的构思何等得精细、周到，简直达到了滴水不漏的程度！完全超出了我们的想象。

【我特别请求《金牌调解》节目中的那位妇女原谅我，未经你的同意就将你写入书中。如果本书的发表给你带来不利影响，我在此向你道歉！我是为了科学研究，为解开人类重要的未解之谜才这样做的。绝无不尊重你的意思。再歉！】

梦例8——信任老乡之梦　　20100816号（二，119）

梦的记录如下：有一伙老乡请求在我们村暂住，我们同意了。我们还与他们合作做事。我们很信任他们，他们的头头详细问了我的姓名、住址等，我都告诉他们了。后来他们走了，再后来，他们中有些人到我们村的山上砍了很多树枝，拉下山，放在我们的晒谷场子上。我们去看了那些树枝。他们说，可以做藤器或木雕。我问那个小伙子：“我们只叫你小边，你姓什么？是什么‘边’字？”我问了几次，他都支吾。我说：“你写一下吧。”他说：“写拼音不是一样吗？”我这才明白过来，我对他说：“我们这么信任你们，而你们这么不信任我们。那好吧，合作到此结束。”那个小伙子怔怔地看着我们。

这个梦的场景在我老家。对这个梦的故事，我感到莫名其妙。我离开家乡几十年了，从小读书，从没有管过村里的事，怎么会做这样的梦呢？我回乡省亲时，曾听我哥讲过我们村的山地、水塘被别人占用的情况，但我在家乡没有寸土片瓦，这与我没有任何利害关系。梦中的事与我有什么关系？我从梦剧情节与我的经历的关系上，翻来覆去也找不到任何头绪。这个梦的梦点是什么？与梦点有关的心情是什么？我反复思考也找不到梦点和有关的心情。找不到梦点和相关的心情，梦是无法解的。心情规则是五大规则的中心规则，这必须要找出来。跳思梦的梦点一般是找不到的，所以跳思梦极难解。但有时跳思梦也能解，那是从梦的情节中能将梦要表达的心情分析出来，或从梦的特征中将心情分析出来。

后来我反复琢磨：这个梦究竟要说明什么问题，我发现，这个梦是在说一个“信任不对称”的故事——我们信任老乡，老乡却不信任我们。我发生过信任不对称的事吗？这样一问，我忽然开朗了。我就因为太信任别人，造成了小小的经济损失。真实的故事是这样的：

M先生租我的房子已经很多年了，我们彼此也很熟悉了。他谈吐不俗，颇有儒雅风度，给我的印象很好。他常常不按时交房租，因为熟悉，我也不怎么催，有时一年才交一次房租，但他总能补交。2008年他去上海、福建一带做生意，从那年5月份就未交房租了。房子空在那里，我打电话要他退租，他又不退。到今年4月已经两年未交房租了，我着急了。我打电话告诉他，可以免交两个月房租，赶快派人来将门打开，将东西搬走，我要他退租。我几次催他，要么电话没人接，要么他支支吾吾。我告诉他，再不把东西搬走，我要砸门了。四个月又过去了，他还未派人来搬东西，于是我将门砸开了。

不过我找了证人在场，登记了物件，幸好，没什么重要的东西。28 个月的房租未收到，我很懊丧，所以引发了这个"事件同模梦"。

租金之事与此梦的心情是一样的，两者都是自己太信任别人造成的，两者都是反映懊悔的心情。梦中，我将姓名、住址都告诉了对方，而对方连姓什么都不肯告诉我；我们接受他们住，还和他们合作做事，让他们有收入来源以维持生计，这么关心他们，而他们却不经我们的同意，就砍我们山上的树。双方彼此的信任严重的不对称。这与我和我的房客之间信任严重的不对称是一样的。两年多的房租未收到，这种事情一万个人恐怕都不会发生一例。我太信任别人了。我为什么那么信任别人？梦中，因为双方是老乡，老乡有困难"我"应该帮助。现实中，M 先生租我的房已经很多年了，彼此很熟悉了，我将他当朋友了，朋友是应该信任的人，这是我的为人之道。梦可以不管它了，现实中，吃点亏，我并不很在意，我仍然坚持认为，是朋友就应该彼此信任。现在来分析梦导是怎么创作的。

【观摩"信任老乡之梦"的创作】

第一步，梦导接到并确认梦点信号。

这个梦的梦点应该不是近几天的什么事引起的，它应该是跳思引发的。睡眠中，租金之事的信息忽然兴奋起来，从记忆库传入中枢神经系统中的思维平台而成为梦点。

第二步，梦导搜索与梦点相关的心情。

既然租金之事是梦点，梦导到记忆库里搜寻到的心情必定是因租金之事而懊丧的心情。

第三步，梦导根据梦点及与梦点相关的心情确定梦剧的主题。

此梦点与心情是紧密联系在一起，梦剧的主题当然是反映因租金之事而懊丧的心情。

第四步，梦导根据梦剧主题构思框架情节。

梦导在搜索与租金之事相关的心情时，必定将我对未收到 28 个月租金之事发生原因的分析过程也搜索到了：我太信任别人，而别人并不信任我，才导致小小的经济损失。这是信任不对称而导致的结果。那么，梦导在构思框架情节时，也就自然地根据信任不对称的模式来创作框架剧情。这样的思路叫作**比照模拟思路**。用比照模拟思路来构思的梦剧，大多是同模异剧梦。

构筑什么样的信任不对称的故事呢？方案当然有很多。梦导到我的记忆库里搜索，看看有没有合适的经历来作为梦剧设计的素材，结果将我回乡省亲时我二哥说的村里山地、水塘被别人无偿占用的事搜到了。村里山地、水塘被别人占用并不是因为信任不对称造成的，现在梦导要对此素材加以改编，改编成信任不对称原因而造成的。一经改编，村里的故事只剩下一个空壳了，因为故事的元素大多变了。许多改编于某小说的电影、电视剧，与原著相差极大，甚至背离了原著主题，而换成改编者要表达的主题。梦导此次的改编与此相仿，改编得面目全非了。

第五步，梦导根据主题框架，设立梦剧人物。

老乡有很多，只需设立一个人作为代表就行了，"我"当然也是主要人物之一。此剧中梦导设立了不少无形象人物。

第六步，梦剧的情节、背景、道具的设计及演出。

本梦剧构思了两个典型事件来表演信任不对称：一是问姓名的事；二是砍树的事。"他们的头头详细问了我的姓名、住址等，我都告诉他们了"，而"我"问小边的姓，他却不肯告诉"我"；我们允许他们住我们村，是对他们很大的帮助。我们又与他们合作做事，使他们有收入，更是救人之所急。他们到我们这里来，人地生疏，很难找到工作，与我们合作，就有经济来源了。我们如此热情地帮助他们，他们竟不经我们的同意，连个招呼都不打，就砍我们山上的树，这太不像话了。所以，"我"宣布："合作到此结束。"这样两件事将信任不对称表演得淋漓尽致，"我"的懊悔、郁闷的心情也得到了表达。

梦导在这个剧里设立了很多无形象人物：那些老乡、"他们的头头"、和"我"一起与老乡们交谈的我们村的代表们，都是无形象人物。对方只有姓边的小伙子有形象，他是此梦剧中的主要人物。

"后来他们走了，再后来，他们中有些人到我们村的山上砍了很多树枝。"他们是离开我们村后，来砍树枝的。这个情节设计很有必要。如果他们住我们村时就砍我们的树枝，我们不同意他们砍，发生纠纷后很可能不给他们住我们村了。他们新的住处还没找到，后果就严重了。现在他们不住我们村了，他们偷偷摸摸地来砍我们山上的树枝，不至于发生严重后果了。梦导想得很周到。

梦中，梦导设计对方仅仅砍了一些树枝，这为什么？很明显，如果他们砍大树，他们也知道，这肯定会遭到我们的追究。砍树枝，或许我们会默认，即使不允许，也不会发生大麻烦，今后不砍就是了。梦导替他们想得真周到，就像他们的参谋一样。你不得不佩服梦导创作时，考虑得多么细致、周到。

此剧的背景是我们村及村边的山，道具是被砍的树枝及晒谷场。

还有最后一句话："那个小伙子怔怔地看着我们。"他为什么会怔怔地看着我们呢？这是梦导留下的一个悬念供观众思考。梦导在梦剧中也会留悬念，这大大出乎我的预料。观众"我"以及本书的读者都可以分析那个小伙子为什么会有如此反应。

【梦剧创作理论探索】

观摩梦导创作和导演此剧的全过程，梦剧表演的事件与真实生活中 M 先生欠我房租的事件竟奇妙地构成了映射关系，两件风马牛不相及的事件经过艺术家的艺术加工，表达了导致事件发生的原因竟是同样的。这是典型的事件**同模异剧梦**。它们以事件发生原因相同为同模，所以又可叫事件原因同模异剧梦。

【体会】

现在我们回过头来看看，租金的真实故事、梦中与老乡的虚拟故事、我们村山地水塘被别人无偿占用的回忆故事三者之间本无任何关联，被梦导奇妙地映射成关系密切的统一故事。真实故事与梦中故事是同模异剧关系，而回忆故事只是作为构筑同模异剧的素材被纳入梦剧中，成为梦中故事的背景。这种映射就是梦幻艺术加工的过程。这种映射艺术手法也可称为**糅合思维**，将诸多元素糅合成统一的故事。解梦难不难呢？当然难。读者你跟我走进了梦的迷宫，虽然能真切地看到迷宫里的一些情景，如果不用心，还是不能将迷宫的一切看明白。想提高析梦能力，除了掌握我的梦剧理论外，还是要多加练习。

此梦之所以能解开，是因为我将此梦的"信任不对称"特征分析出来了。否则，它是解不出来的。梦的五大规则给我们指出了一条解梦的路，但能不能解开梦，还要看分析角度是否恰当。所以，解梦是要费脑筋的，同时也告诉我们，解梦对提高思维能力有很大的帮助。

梦例 9——子不救父之梦　　20060430 号（一，130）

梦的记录如下：我与一对父子在挖沙子，正挖时，其父亲陷进沙子里了。在父亲身边的儿子却不拉他父亲。我在远一点的地方，够不着去拉他父亲。我赶紧走到他父亲那里，想把他父亲挖出来，他儿子却不动手。我使劲挖，还是没找到他父亲。我正挖着，忽然沙底有水了，好像要塌陷似的。我赶紧从底下爬到高一点的坑边。水越来越大了，在我右边已经塌了一大块。我弄得全身是泥沙。我爬上来了。此时我想，我怎么去见医院的人呢？（上一个梦是医院，此梦是第三个梦。）

梦后我很奇怪，我为什么会做这样的梦呢？我从来没有过在河里挖沙子的经历。他们父子同挖沙子，父亲发生危险时儿子为什么不救父亲呢？如果没有进入梦的迷宫内部，只能用弗洛伊德那套潜意识解梦理论去解释梦，梦到沙子可能象征什么，梦到父亲可能象征什么，梦到危险可能象征什么，等等。其实，这是一出"同模异剧梦"。梦剧表达的主题与真实事件的含义非常相似，但事件的情节完全不同，是风马牛不相及的两件事，这就叫同模异剧梦。

【观摩"子不救父之梦"的创作】

第一步，梦导接到并确认梦点信息。

最近我要买太阳能热水器，想装在楼顶上，昨天考察完管道泵，又去了惠普太阳能热水器门市部。门市部经理 W 与我是老乡，我们就聊了一会儿天。他说了他父亲与他大哥、二哥、三哥的关系，给我留下了深刻的印象。他父亲是中华人民共和国成立前就参加革命的老干部，中华人民共和国成立后被错误地批斗、坐牢，多年后才得到平反。因此，他们几兄弟小时候都受到过歧视。他父亲平反后，他大哥、二哥、三哥都不与父亲来往。他劝其父买点礼物去他大哥处，他父亲大怒：哪有父亲给儿子赔礼道歉的？我觉得他父亲是对的，因为冤假错案不是他父亲的错。这个真实的故事对我的刺激较深，睡眠中成为梦点是很自然的。

第二步，梦导要搜索与梦点相关的心情。

梦导接到这个梦点信号后，就到记忆库里搜寻与梦点信号相关的心情。昨天我听这个真实的故事时认为，这三个儿子太不明事理了。其父本身就是最大的受害者，现在平反了，本来应该庆祝一番，使父亲享受平反后的快乐生活。现在恰恰相反，父亲还要受儿子的歧视，继续承受着精神折磨，这太不像话了。我当时的心情是，非常同情这位不幸的父亲，埋怨这三个儿子的不明事理。

第三步，梦导根据梦点及与梦点相关的心情确定梦剧的主题。

梦导确定的剧目主题就是：同情父亲，埋怨其子。

第四步，梦导根据梦剧主题，构思设计剧情框架。

构思一个什么样的故事来表达主题呢？一个作家可以构思出好几个方案，许多作家就可以构思出许许多多的方案。可惜，我不是作家，不会正儿八经地编故事，但即便我是作家，白天要在几秒钟、几十秒钟的极短时间内构思一个故事来表达这样的主题，我也绝对做不到，职业作家们有几个能做到？但这不要紧，睡眠中我的另一个身份——梦导却是非常杰出的作家。它在极短的时间内就能够构思一个故事来表达主题。梦导采用梦点延伸思路，决定依据梦点材料用**题材放大艺术手法**，构筑一个同模异剧的故事。原始的素材是儿子不与其父来往，梦导根据这一情节，延伸为子不救父的情节。这样，故事框架的设计就有了方向了。

如果再仔细想想，用陷进沙子的情节来构筑梦剧框架是非常巧妙的。如果设计其父被大水冲走了，或设计其父掉下悬崖了，你怎么救？无法救，也就无法表演子不救父的事件。陷进沙子总有一个稍微缓慢下陷的过程，这就给身边的儿子救父的机会。有机会救父而不去救，才能表达其子恨其父的情感。可见，用陷进沙子的情节作为框架情节，是聪明绝顶的设计。

第五步，梦导根据框架剧情，设立剧目中的主要人物。

根据框架情节，父亲、儿子是必定要设立的主要人物，根据参与规则，"我"也是主要人物。根据最简设计规则，有这样三个主要人物，就能够将剧情表演出来了。

第六步，梦剧的情节、背景、道具的设计及演出。

背景是河床底的沙丘。三个人在河里一同挖沙子，梦导设计儿子就在其父身边，"我"在离其父较远的地方。三个人的相互位置的设置是剧情展开时必要的设计。如果其子与"我"的位置调换，主题就没法表达了。

"我在远一点的地方，够不着去拉他父亲。我赶紧走到他父亲那里，想把他父亲挖出来"，这个情节也很重要。如果"我"在其父身边，"我"肯定会拉起其父。如果这样，"子不救父"的梦剧就无法表演了。"我"去救其父，而他儿子却不去救其父，形成强烈的反差，可见其子恨其父恨得多么深。这是一种衬托对比的艺术手法。梦剧表达得非常准确、到位。"我"去救，是"我"觉悟的体现，也是梦导根据亲身参与规则的要求而设计的互动环节。"我"未找到其父，沙底又出现更大险情了，"我"只得爬上来。这个情节也非常符合真实。终究没救到其父，这太遗憾了。这个情节无疑留下了一个未演出的剧情：子不救父后果极其严重。"我"爬上来以后，这幕"子不救父"的剧目也就演完了，就要转到下一幕剧了。

"我爬上来了。此时我想，我怎么去见医院的人呢？"这个结尾告诉我们，此剧又是一个插入型梦剧。此剧的上一个梦剧是在医院，此剧演出结束时，梦者又想到去医院的事了。

【梦剧创作理论探索】

梦点延伸思路是经常被采用的思路。将梦点题材放大或缩小，即**题材缩放艺术手法**也是常被使用的艺术手法。同模异剧梦是常见的梦剧类型。因此，此梦剧具有典型性。

梦剧事件的内容是其父遇险时，其子竟不救其父，梦剧事件表演得很强烈，给观众极强的刺激，达到了表演的效果。这种表演方法在戏剧理论上叫**"冲突"艺术手法**。我们在话剧中能见到这种剧烈冲突的场面。

这个同模异剧梦，属于**事件同模异剧梦**，但它是升级版事件同模异剧梦，因为两个事件的性质有些差别，梦剧中事件的性质比真实事件的性质要严重得多。**情感同模异剧梦**——"智障女梦"的梦剧中表演的心情与真实事件发生时的心情几乎相同。事件性质同模异剧梦——"信任老乡之梦"的梦剧中事件发生原因与真实事件发生的原因相同，并没有升级。

【申明】

若这三兄弟看到了本书的这一梦剧，请多包涵。梦中梦导将事件升级为"子不救父"，只是为了便于表演而已。梦导创作这样的梦剧也非我的真意，我只是希望你们兄弟们能善待饱受委屈的老父。

3 想象梦

梦导在确定了梦的主题以后，就要设计梦的情节，此时就需选取梦剧的材料来构造画面。在取材时，梦导通常在梦者的生活经验中寻找相关的经验记忆，我将这个过程称为**"就地取材"原理**。这里的"地"就是梦者的记忆库。所以，"就地取材"也可称为"就库取材"。但是，如果梦者的生活经验中没有相关的经验，梦导就要凭借想象，来构造梦剧画面所需要的材料。用想象法构思梦剧材料的原理叫**想象构材原理**。梦剧用来构筑情节的材料只有两个来源：一是梦者记忆库中记住的经验材料；二是用想象构造出来的材料。用想象构材原理创作的梦剧就叫想象梦。

梦例 10——世界末日之梦　　19960305 号（一，6）

梦的记录如下：**有两块很大很长的木板（或墙壁），我和许多人在其中，上不见天，下不见底，头顶上有闪光。人们快速地向下坠落，恐怖至极。**

这个梦够奇怪的了，这绝不是生活中的某种经历的反映。现在我们看看梦导是怎么创作出来的。

【观摩"世界末日之梦"的创作】

第一步，梦导接收并确认梦点信号。

这个梦的梦点信号并不是昨天或近几天的某件事，而是半年或一年左右时间内许多媒体讨论的事：世界末日的到来。在 1996 年前后，随着 2000 年的即将到来，报纸、网络上经常出现议论有关"世界末日"的文章，我也看了一些预言家的文章。在昨晚的睡眠中，这个信息突然兴奋起来，输入中枢神经系统而成为梦点。这是跳思引起的梦点。

第二步，梦导搜索与梦点相关的心情。

　　笔者在阅读关于"世界末日"的讨论文章时的看法是，2000 年要发生人类灾难的预言是不可能成立的，因为我是坚定的无神论者。2000 年只是耶稣诞生距今的时间，与人类命运没有任何关系。当然，世界末日只是一种说法而已，并不是说世界末日就是人类的灭绝，它的主要含义是人类将要遭受大的或特大的灾难。这也是我的认识。但是，人类面临特大灾难的危险却是实实在在存在的，这个问题我倒是思考得较多。所以，我的与梦点相关的心情是担心人类面临特大灾难，尤其中国的处境更危险。这是另一种形式的"世界末日"。

　　第三步，梦导根据心情确定梦剧的主题。

　　我的心情是担心人类面临特大灾难，这也就是梦导要确定的梦剧主题。

　　第四步，梦导根据梦剧主题构思框架情节。

　　梦导构思框架情节时，一般都要到记忆库里搜索与梦点、心情有关的生活经历做素材来构思。但是，人类大灾难是什么样的灾难？因为没有经历过，只能设想、想象。这就是**想象构思思路**。当然，我思考过人类面临大灾难的形式，例如，大规模能量战争、大规模基因战争、大规模生化战争、大规模网络战争，等等。梦导是不是从这些设想中选择一种作为梦剧的框架情节？梦导舍弃了这些我曾设想过的"大规模"灾难形式，而是构思了很多人坠落的形式来营造恐怖心情。反正表达了恐怖心情，就达到展现梦剧主题的目的了。梦导不一定要完全照搬现实，也不一定要完全照搬梦者的设想。梦导通常是根据最简设计规则来表达梦剧主题的，梦导还要使情节适于表演。在这个梦例里，**最简设计规则**和**适于表演规则**得到充分的体现：梦导舍弃了人为因素所造成的大灾难，而构思了地质大灾难的形式来制造恐怖事件。人为因素造成的大灾难不仅涉及的因素很多，而且也较难用画面来展现，与适于表演规则相悖。天灾比人祸更容易表演。

　　第五步，梦导根据梦剧框架情节，设立梦剧主要人物。

　　根据参与规则，"我"当然是不可缺少的主要梦剧人物之一。表现人类的灾难，当然还需要让剧中出现很多人物，他们应该是不分男女老少的人。梦导设立的很多次要人物让他们在剧中出现了，他们都是轮廓人物。

　　第六步，梦剧情节、背景、道具的设计及演出。

很多人坠落的画面很简单，见"梦的记录"。这显然是一次天崩地裂的大灾难，大地忽然裂开了，许多人向万丈深渊坠落，恐怖至极。天上还有闪光，这是纯粹的地球地质事件，还是与其他天体有关，梦导未做交代。在我的知识面里，有些地质事件也伴有声光出现。至于被其他星球撞击的景象，完全超出了我的想象，自然也超出了梦导的想象。道具是两块很大很长的木板，又好像是看不见边缘的墙壁。这实际上是用来表现大地开裂后的地缝的两壁。因为我没有身临地缝两壁的经验，所以梦导用看不见边缘的大木板或墙壁来代替。

【梦剧创作理论探索】

本梦剧遵循了适于表演规则。

梦例 11——拉二胡之梦　　20140910 号（三，26）

梦的记录如下：一群学生（好像是小学生）选拔唱歌选手，一个男孩成为"英皇" 1 号，共选了五名选手，会场上有很多学生。

忽然有四人二胡合奏，我是其中之一。四人排成一排，但斜排在舞台上，我坐在离舞台前沿最近位置，最远的那位是领头的。他说："拉××歌。"（好像是"就餐歌"）我抱着他们怎么拉我就怎么拉的态度。他们第一弓向上挑起，声音极轻，轻到我几乎听不见。我也极小心地将弓在弦上轻轻地触动了一下。他们有节奏地拉了四弓，我也跟着拉。领头的忽然用双手握着弓的两头，其他二位也如法炮制。（此时，弓脱离了弦，像小提琴的弓那样了。）他们将弓架在琴颈处（即绑线处），左右来回地拉。我看着他们拉，没有学他们。在他们拉的时候，我心里想，我二胡的琴颈棉线都快断了，这样拉，很快就会断的。接着他们仍手握弓两头，将马尾弓架在二胡琴筒的棱边上来回地拉。我只眼睁睁地看着他们拉，没有学他们。

哪有这样拉二胡的？这太奇怪了。梦导为什么构思这样的奇妙梦剧，让我们来观摩和欣赏它创作的作品。

【观摩"拉二胡之梦"的创作】

第一步，梦导接收并确认梦点。

这个梦剧的梦点是拉二胡？是的。我的两本书《人的特性和行为动力总机制》《中国式的思维方法》（后改名为《中国式的思维工具》）经反复修改，已写完了。近几天我想，二三十年的研究、写作终于结束了，现在有时间、有心情拉拉二胡，放松放松了。可能有一二十年都没拉过二胡了。我将二胡从衣柜顶上取下来，擦拭整理了一下，试拉了一下，琴音还可以。我练习了《洗衣歌》《喜洋洋》《良宵》等曲子。我拉得太差了。因为太长时间没拉过二胡，现在拉了，就成为兴奋点，在梦中就成为梦点了。

第二步，梦导搜索与梦点有关的心情。

梦导到记忆库里搜索与拉二胡有关的心情，但没有搜索到。我还是在中学和参加工作的头几年在宣传队参与演出时拉过二胡，在其他年份里只偶尔自娱自乐过。梦导在没有搜到与梦点有关的心情时，却把昨天兴趣较大的另一个事件搜出来了，因为此事件的兴奋度也较高，实际上是另一个梦点。在梦点队列里，此梦点排在拉二胡梦点之后。

昨天，我看了中央电视台CCTV10《我爱发明》栏目报道的能爬坡的电动摩托车的节目。电动摩托车在平地上行驶肯定没问题，但农村需要能载重、能爬坡的电动摩托车。发明人经多次失败、反复修改，终于发明成功了能爬坡的自行车。我最爱看CCTV10《我爱发明》栏目，已看过很多期。该栏目报道的都是普通工人、农民的发明，他们为解决工农业生产或食品加工中碰到的难题而默默奋斗着。这些难题没有哪个研究所去研究、发明，因为大多是应用面比较狭窄的，例如，挖藕、挖树根、粉碎建筑垃圾等。最令我感动的是，他们有种种奇思妙想，更有不怕失败、勇往直前的精神。这些普通工人、农民发明家的精神令人肃然起敬。此节目激起的心情是：赞赏、佩服那些普通人的钻研、发明精神。

第三步，梦导根据梦点及心情确定梦剧的主题。

这个梦的梦点其实是两个：一是拉二胡；二是电视节目。拉二胡时，我没有引发什么较强的心情，而《我爱发明》栏目倒是激起了较强的心情。所以梦导将欣赏和钦佩普通人的钻研、发明精神的心情作为梦剧要反映的主题。

第四步，梦导构思框架情节，以表达梦剧主题。

构思怎样的故事来表演别人的钻研发明精神，并且还要与拉二胡相关？

这太难了。生活中我没见过也无法想象，在二胡演奏中如何表演奇思妙想、发明精神。自刘天华以来的二胡演奏家们早就发明了各种弓法、指法了，还有什么弓法、指法没发明出来？我的二胡演奏水平极低，我更不知道。但这个难题难不倒梦导，像梦中的拉法，现实中没有哪个演奏家能想象出来。梦导根据梦点组合思路，使用奇思妙想手法，硬是将拉二胡与 CCTV10 传递的发明精神结合在一起了，真令人叫绝，令人匪夷所思。梦导是怎样完成任务的？是凭大胆的想象，凭**梦点奇妙组合法**，用的是**超现实主义手法**来完成构思任务的。清醒状态下的人们是想象不出来的。

第五步，梦导根据框架剧情，设计梦剧主要人物。

因为是表演别人的奇思妙想，当然要设立别人为主要人物，"我"也是主要人物之一。梦导设立了四个主要人物。根据剧情演出过程的需要，梦导设立了许多轮廓人物或无形象人物。

第六步，剧目的情节、背景、道具的设计与演出。

背景是小学举行的音乐会会场。梦剧的开场剧是选拔小学生的唱歌选手。梦导为什么要设计这样的背景和开场剧呢？这是不是多余的情节？读者要记住，梦剧中没有多余的情节、人物、道具等，因为梦导是根据最简设计规则去构思创作梦剧的。梦剧的开场是学生选拔歌手演唱会，这是为二胡合奏提供前提的。歌手已经选出来了，演唱会的主要任务已经完成。为了丰富演唱会的内容，再增加一些其他节目，也就在情理之中，这样，我们的二胡合奏节目就有合乎情理的来历了。如果没有这个背景和开场剧，梦剧一开始就是四人二胡合奏，而且是奇怪的演奏，就不知道是什么性质的演奏，会显得很突然，让人莫名其妙。

合奏开始的向上轻挑的四弓，"我"拉了，"我"参与合奏了。这种弓法不是奇特的，是早就有的。但这四弓是为后面剧情做铺垫的。如果一上来就双手握弓在琴颈处拉，人们还以为这四个人不会拉二胡，是在胡闹呢。开始的轻挑弓法，还是有点小小难度的，这说明四人是会拉二胡的。他们三人双手握着弓的两头在琴颈处拉，就是奇思妙想了，这是在表演发明，在表现梦剧的主题。这样的拉法，虽然能发出声音，但声音一定与平常拉二胡的声音大不相同，一定会令人感到奇妙、奇特。"我"没学他们，没学的原因不是学不到，而是担心琴颈线会断。因为白天我整理二胡时发现，琴颈线断了两根，需要更换了。这个印象一直保留在脑中，在梦中显现出来了。也就是说，"我"是认可他们的新拉法的。梦导构思弓脱离弦，变成小提琴的弓那样，也是有来历的。这种二胡弓，以前我的确设想过。二胡只有两根弦，音域受到极大限制。我以前想过能不能将二胡的音筒和琴颈改造一下，将弓与弦脱离，加几根弦以扩大音域。我以前的这种想法会不会被梦导在记忆库里沿着有关"二胡"信息的线索搜出来并作为奇思妙想的素材？我想梦导一定搜到了我以前的这个设想，被它用来作素材使用了。至于在音筒的棱边上拉，这就更不可思议了。"我"没学他们在音筒棱边上拉，是因为"我"认为那样发不出音。但梦导为什么会反"我"之道而故意设计这个情节呢？我想，梦导可能还有另一种奇妙想法：即音筒是用特殊材料、特殊形状做成的，让这样的拉法也能发出优美的音调来。因为我在电视中看过，木工用的三角锯条可以当琴来演奏，发明者称其为"锯琴"。那么，二胡琴筒的棱边是不是也可以做成能用弓拉出音来的棱边？这样的二胡琴筒我以前没有构想过，但梦导可以参照锯琴来设计琴筒，来表现别人创造发明的主题。梦剧用两种拉二胡的演奏法，很好地表达了梦剧主题。

关于四人坐的队形。四个人的排列队形不是平行于舞台前沿的，而是从舞台的左前方向后右方斜斜地排列。"我"坐在最前边，那个领头的在最后边。这种坐形与众不同，怪怪的，一上来就给人一种异样的感觉。梦导的这种故意设计，是让观众对即将上演的奇妙演奏法有一个思想准备。

"拉××歌"（好像是《就餐歌》），梦中有歌名，但我醒后回忆时却记不清了，好像是《就餐歌》。因为歌名记不清，也不好分析。如果是《就餐歌》，好像能说得过去。饭局开始，大家还能文雅，但吃到后来，就乱套了。梦中的演奏也表演了这样的过程和气氛。开始的四弓表达文雅；在琴颈处拉，也能发出声，但声音肯定怪怪的，表示食客微醉，开始有些乱了，但还在能控制之中；最后在琴筒棱边上拉，完全发不出声来了，是胡来了，胡乱到不能控制的地步了。梦剧典型情节是"点到即止"的，这顺序表演的三种二胡拉法，就表达酒席上连续发生的三个过程。如果梦中演奏的真的是《就餐歌》，梦导起的歌名与奇妙演奏的结合，其构思真的是令人叫绝。"我"没有学他们在琴筒棱边上拉琴，应该表示"我"是清醒的，没有胡来。

【梦剧创作理论探索】

梦导为了完成梦主题的任务，大胆地想象，使用了**奇思妙想**的手法。这种奇思妙想超出了常人的思维，但也不是完全没有道理，只是我们通常想不到而已。这样的二胡演奏法是清醒时人们无法想象的，用艺术理论说，是超现实主义手法。用超现实主义手法来创作浪漫主义作品是很常见的艺术实践。我们有幸在梦剧中也见到了这样的浪漫主义作品。不过，这里使用了"主义"概念是欠妥的，我认为梦导是不讲"主义"的。应该将"主义"改为"型"，即**超现实型手法**、浪漫型作品等。西方学者很喜欢使用"主义"这个概念，动不动就是什么"主义"。所以，从西方翻译过来的理论性作品中，"主义"概念泛滥。

【体会】

现在我们回过头来看看梦点与心情，再看看梦剧表演，这两者相差实在太大了。梦点有两个：一是昨天我拉二胡的事件；二是昨天我看 CCTV10《我爱发明》栏目的事件，这是毫不相干的两个梦点。心情是赞赏、佩服那些普通人的钻研、发明精神。要将两个毫不相干的梦点联系起来，还要将心情表演出来，难度实在太大了。梦剧简单表演的奇异二胡演奏法竟将两个毫不相干的梦点巧妙地糅合在一起，其实也充分地表达了我的心情。作者我从中真切地体会到了梦剧创作的"奇""幻""妙"，不知读者是否有同感。但梦剧的奇、幻、妙是用艺术手法表现的，而不是人们因为不理解梦，而感到梦是奇幻的。同样感到奇幻，但两者认识的原因却根本不同，前者是有根有据的（我们已经观摩了梦导的创造过程），后者却无根无据。我们从梦剧创作的奇、幻、妙中欣赏到梦幻艺术的魅力。我不知道读者们是否欣赏到这一特殊魅力，欣赏到从现有艺术中无法欣赏到的魅力。只要读者跟着我走过梦迷宫的两道门，进入梦迷宫之内，就能欣赏到梦幻艺术的真谛了。

4　设想梦、预想梦、疑似预兆梦

(1) 设想梦

我们每个人都会作各种各样的设想、预想，这些设想、预想也会记忆在信息库里。当某个梦点启动梦剧后，梦导会到信息库里搜索与梦点有关的事件、心情，有时会将某种设想或预想的记忆翻出来，用于梦剧创作。这样创作的梦剧就是**设想类梦剧**、**预想类梦剧**。对一事件进程或结果的分析、预想的方案可能不止一种。被梦导搜索出来的方案只是多种预想方案中的某一种，则梦导就以被搜出来的方案进行梦剧创作。不管是设想或预想，其方案在梦中演出时，总是早于真实事件的进程，不然就不叫预想了。人们对某些事件进程或结果的分析、预想，有时是比较准确的，有事实依据或科学依据的。当这种准确率较高的分析、预想事先在梦剧中演出后，真实事件的进程或结果也许与梦境非常相似，甚至相同。此时人们往往就以为是梦想成真了，以为梦很灵验，甚至以为梦中有神秘力量在指挥。这些与真实事件进程、结果相似程度较高的梦剧就叫**疑似预兆梦**。每个人都有过很多设想、预想，这些设想、预想被某个梦点启动后便进入梦中演出，是不值得大惊小怪的事。有些读者可能会说：我有很多美好的设想，即使不能实现，在梦中体验一下也好啊，可是为什么并没有进入梦中呀？读者要明白，梦剧是需要有梦点启动的，没有相关的梦点启动，你的设想就不会进入梦境中。那么怎样获得梦点呢？有一条神秘的小路可能会引领你进入设想的梦境中，这条小路就是**强思入梦**。"九宫格之梦"中已经分析过强思入梦问题了，此处不再赘述。但是我要警告某些年轻读者，你不要经常用强思入梦的方法进入你的设想美梦，你若经常这样做，就很容易使你进入恍惚状态。一旦进入恍惚状态，就会极大地消耗你的精气神。相思病就是这样得上的。古典小说《红楼梦》里的贾瑞就是这样送命的。还有人经常做发财梦，他也是通过强思入梦小路进入发财美梦的。这样的发财梦做多了，也容易进入恍惚状态，一旦进入恍惚状态，就极容易走上犯罪道路。其实，人们做设想梦、预想梦是很常见的现象，也许每个人都做过，只是人们不懂得梦的原理而感到神秘。设想梦的梦剧是各种各样的，可惜我做的设想梦极少，仅有两个梦例，除此之外，本节"阎明光之梦"也是一个极好的预想梦例，在第5小节"灵感梦"中还有设想类梦例。

梦例12——乘气球之梦　　20140921 号（三，41）

梦的记录如下：我与另一个人分乘气球。开始时用直径约 30 厘米的打气筒充气（梦中没见到点燃柴油机）。那个人乘气球飞走了，我也乘气球放飞。我感觉没飞多高，在翻过一堵高墙时遇到了麻烦。气球好像被绳子（又好像是电话线）绞住了，好不容易拔掉了绳子，气球飞过了墙，但又飞不起来了。我打电话找管理气球的负责人，负责人将维修人的电话号码告诉了我。（梦中这个号码记得很清楚，但这是夜梦而不是晨梦，我没起床记下来。）但是这个电话却总是打不通。我还是没飞起来。

这是一个典型的设想梦，因为我没乘过气球，所以我的记忆库里没有这样的经历。现在让我们观摩梦导的创作。

【观摩"乘气球之梦"的创作】

第一步，梦导接收并确认梦点。

弗洛伊德说，他可以轻易地将梦引发出来：晚餐有意吃咸一点，则晚上就会做喝水的梦。我也试试能不能将梦引发出来，结果就做了乘气球的梦。其实这个梦的梦点来自我的研究。我在分析梦中景物呈现原理时，提出了脑屏（思维屏幕）的概念。当我们设想某种景物时，设想的景物就会呈现在脑中，当然是呈现在脑中的某种结构上，我将这个结构称为**脑屏**。我设想过自己在宇宙飞船中的景象和漂浮的感觉。昨晚乘气球的梦，应该就是这个设想的翻版。

第二步，梦导根据梦点搜索与梦点有关的心情。

心情就是想获得在空中漂浮的感觉。

第三步，梦导根据梦点和心情确定梦剧主题。

主题很明显，就是表演飞起来，并获得漂浮的感觉。

第四步，梦导根据梦剧主题，构思框架情节。

在水中能漂浮，水中漂浮也很惬意，但人们不会满足于水中的漂浮感，因为没有飞的感觉，人们都想在空气中获得漂浮感。梦导认为，"我"想乘飞船获得漂浮感的欲望显然不现实，于是梦导决定用替代思路来构思，那就选择乘气球或降落伞。梦导选择了乘气球。

第五步，梦导根据梦剧主题设计主要人物。

表演"我"的戏，只需设立"我"一个人物就行了。根据剧情演出进

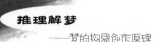

程，还可以设立一些次要人物。

第六步，梦剧情节、背景、道具的设计及演出。

背景是一片开阔地，道具是气球等。梦导要表演"我"乘气球，从而想获得空中漂浮的感觉。我想归我想，梦导会不会让"我"获得漂浮感呢？梦导不会的，因为我没有这样的经历和体验。梦导是我的另一个身份，梦导当然也没有这样的经历和体验。导演自己没有这样的体验，怎么能使"我"获得这种体验呢？这样，梦导就面临着矛盾：既要让"我"乘气球，又要让气球飞不起来。让"我"乘气球，是根据梦剧主题来满足"我"想乘气球以便获得漂浮感的欲望；让气球飞不起来，是根据我没有乘气球的经验，也没有获得过在空气中漂浮的经验。所以梦导就构思了看似矛盾的剧情：梦中"我"看别人（这是梦导临时设立的次要人物）飞走了，"我"也急着放飞了气球，但"我"的气球又总是飞不起来。

"我"的气球放飞了，这满足了"我"想飞的心情；接下来梦导要考虑的是，设计怎样的情节使气球飞不起来。这样的构思过程，我称其为目的变现手法，即梦导将某一情节中要表演的目的用画面展现出来。梦导构思了三段情节来实现让气球飞不起来的目的：开始是气球被绳子或电线绊住了；但拉掉绳子或电线后，气球还没飞起来，因为气球本身出故障了，要找人来修了；维修人员的电话又总是打不通，所以最后气球还是飞不起来。至于梦导为什么构思了这样三个情节，而不是构思其他情节，这纯粹是作家自由创作的心理过程，其他任何人都无从知道。作家们这样的创作过程，我称其为**作家自由创作心理**。

读者对梦中"用直径约 30 厘米的打气筒充气"的情节一定会感到好笑，首先，因为在日常生活中人们没见过这么粗大的打气筒；其次，假如充普通空气，那么气球是飞不起来的。用气筒给敞开的气球打气放飞，这当然绝对不可能。为什么梦导设计这样的情节呢？梦导构思、设计梦剧的情节会使用各种各样的梦剧原理，其中使用最频繁的原理就是**生活经验原理**。在我的经验中，我没有乘过气球，也没有在现场看过别人乘气球，所以我没有点燃发动机来给气球充气的经验。在我的经验里，充气都是用打气筒的，例如，给自行车、篮球、塑料气球充气都是用打气筒，所以梦导构思了用打气筒给气球打气的情节。气球那么大，打气筒也应该很大，直径有 30 厘米。生活中我还没见过这么大的打气筒，这是梦导根据推理原理构思出来的。

气球有故障，"我"找气球管理人。这一情节说明"我"是在游乐场乘气球的。梦中虽然没交代在游乐场乘气球，但找气球管理负责人这一情节就说明了这一点，这符合现实。现在你想体验乘气球，到哪里去体验？只有到游乐场去。所以，找气球管理负责人这一简单的梦剧情节，蕴含着很多的生活经验。负责人并没有直接来检修，而是将维修人员的电话告诉了我。这又是梦导根据我对游乐场管理制度的理解而设计出来的梦剧情节。这一情节的来源是：家用电器有故障找售后服务部，售后服务部通知维修人员来维修，这是我们生活中的经验。这一经验也被梦导应用到气球游乐场的管理上了。哪个气球有故障，需要哪个维修人员去处理，通常是临时安排的，所以负责人将临时安排的维修人员的电话号码告诉"我"了。但因为电话总是打不通，所以气球还是飞不起来。

【梦剧创作理论探索】

在本梦例的创作中，梦导使用了较多的艺术原理。我们首先提到的是**目的变现手法**，即梦导将某一情节中要表演的目的用画面展现出来。梦剧中任何一个画面都是为某一目的服务的。其实，戏剧、电影等的任何一个画面也都是为某一目的服务的。

生活经验原理运用在好几个地方，例如要给气球充气、气球要放飞、气球被缠住了、找气球管理人等，但最主要的经验是，没乘过热气球不可能获得漂浮的感觉。**推理原理**：气球大，就要用大的气筒打气。**找理由原理**：不能获得漂浮的感觉是什么原因呢？是气球没有飞起来；气球为什么没飞起来呢？开始是因为气球被绊住了，后来是因为气球有故障。每一种原因都用梦剧剧情表达出来了。这就给没有获得漂浮感觉找到了很好的理由。这三条原理是梦导经常采用的梦剧创作原理，体现在很多梦剧中。

我们分析过，梦导面临着矛盾：既要让"我"乘气球飞，又要让气球飞不起来。前者是满足"我"想飞上天空以获得漂浮感觉的心情，因为这是梦剧的主题，后者是要符合我的记忆库里没有漂浮体验的经验事实。梦导的构思设计巧妙地化解了这一矛盾。我将梦导处理这一矛盾的手法称为**哄骗手法**。

梦导像哄骗小孩一样，既让你飞，又让你飞不起来。对付小孩的吵闹，大人们往往会使用哄骗手段。"我"这次就被梦导哄骗了一次。嘻！

梦例 13—— 捡钱之梦   20140430 号   周三   夜雨（四，63）

梦的记录如下： 清晨我从凌云山山尾向城里走，在山尾处的路边捡到了一张百元钞票，在不远处又捡到一张。快到 L 家附近，路左手边有水渠，水渠向右拐，穿过路，有桥。我走过桥，就在桥头处，又有五六张百元钞票，我拿了三四张。见前面有人来，我没捡完钱就走了。我问我爱人，这钱是假钱吧？她说不知道。我想，也可能是有人故意丢撒的吧。

这个梦也挺有意思的，"我"捡了那么多钱。要是用弗洛伊德解梦法解析，是不是象征我的财运到了？其实它不象征什么，只是梦导的一个设想而已，是梦导逗"我"乐一乐罢了。让我们来观摩和欣赏梦导创作的戏弄"我"的把戏。

【观摩"捡钱之梦"的创作】

第一步，梦导接收并确认梦点。

昨天白天我看报看到彩票开奖时，随便设想了一下自己中了大奖，而且设想中了 100 注头等奖。一注 500 万元，100 注就是 5 亿元，交完税还有 4 亿元，于是，我又设想这么多钱该怎么花。其实这个设想只是自己逗自己乐一乐而已。人们常常设想一些美好的事情，让自己美滋滋地享乐一番。当将这样的设想说给好友听时，好友也许会说："你在做白日梦吧。"这是常见的一种自得其乐的方式。就是这么一个随便的设想，睡眠中竟入梦成为梦点了。

第二步，梦导搜索与梦点相关的心情。

梦导到记忆库里搜索，自然将自己设想中大奖的心情搜到了。

第三步，梦导根据心情确定梦剧的主题。

梦导将中奖扩大为得到意外之财。中奖显然是意外之财的一种。梦导的这个扩大是一种艺术手法，我称其为**题材缩放手法**。根据艺术上的需要，可以将小的事件放大，也可以将大的事件缩小。

第四步，梦导根据梦剧主题，构思框架情节。

　　梦导创作梦剧，最难的就是构思框架情节。既然是最难的，也就是最能显示创作者水平的环节。根据梦点，最简单的是设计"我"中了大奖。但是，梦导在我的记忆库没有搜索到我购买彩票、中过奖的经历，因为我平时对购买"福利彩票""双色球"等博彩活动不感兴趣，所以设计彩票中奖的方案不能采用。于是梦导采用题材缩放思路，将彩票中奖扩大为意外之财来构思。不管什么样的意外之财，得到后的心情都是类似的。当然意外之财的种类也很多，梦导只能选择其中之一。于是，梦导构思了"我"捡到很多百元大钞的框架剧情。

　　第五步，梦导根据框架情节设立梦剧主要人物。

　　反映"我"捡到钱，设立"我"一个主要人物就够了。根据演出进程，还可以设立一些次要人物或无形象人物来配合剧情的演出。

　　第六步，梦剧的情节、背景、道具的设计及演出。

　　创作捡钱的梦剧，就需要设计合适的场所、背景和捡钱时间。这些创作素材从哪里来？当然还是从梦者的记忆库里搜寻。搜寻也不是盲目搜寻，而是有目的地搜寻。梦导首先要确定捡钱的场所，是在街上？还是在乡下？街上捡钱的可能性较大，但街上24小时都有人走动，一定会被其他人看见。被他人看见了，如果钱多，别人就会来干涉。别人一干涉，捡到意外之财的喜悦之情就没有了，这不符合梦剧主题。捡的钱少，别人是不会干涉，但那样也没有得到意外之财的喜悦，也不符合梦剧主题。所以，捡钱的场所不能选择在街上。那就选择在乡下吧。于是梦导搜寻我在家乡乡下的有关资料，所以，梦剧故事背景就是我的家乡了。捡钱的时间设计在什么时间呢？是白天？是晚上？是清晨？是傍晚？还是在夜里？显然，清晨时间最合适。梦导经过精心的思考，设计的背景是从我们村到县城的必经之路上，时间是清晨。如果不是上街的必经之路，走的人少，捡到钱的可能性就极低，或没有。选择上街必经之路，捡钱的可能性就大为增加了。时间选择在清晨，非常妙。如果"我"上街不早，这发财的机会就不是"我"的了。这样，这幕剧就演不成了。清晨上街是我多年的经验，上初中时每天我都很早去城里上学，每天都是全校最早到校的学生。这条路就是"我"上中学时的路。梦中的路况与当时真实的路况几乎是一样的。L家在路的北部。

"见前面有人来，我没捡完就走了。"显然，"我"不想让别人知道"我"捡到钱了。"我"的自私暴露无遗了。但是，如果梦中的"我"不自私，准备将捡到的钱上交，那就营造不了得到意外之财后的得意心态，梦剧的主题也就实现不了了。梦剧的主题里不包括"我"捡到钱后如何处理这意外之财的心态。

梦中的"我"还怀疑钱的真假。如果是假钞，那"我"就被人戏弄了；如果是真钞，那肯定是精神不正常的人撒的。这段剧情很符合真实情况，捡到这么多钱的人，肯定会作出这样的分析的。

梦导用捡到很多张百元大钞来模拟"我"得到意外之财，重演了白天的设想。

【梦剧创作理论探索】

梦导在这出梦剧里使用了题材缩放思路，将中奖放大到意外之财来构思梦剧框架情节。如果不使用这一艺术思路，就无法构筑框架情节了。

【体会】

体会1　如果梦后第二天我真的捡到钱了，梦者我会怎么想？对于我来说，因为我懂得梦的创作原理，必定认为那只是巧合。如果有读者也巧遇这样的梦、巧遇这样的"应验"，这位读者会怎么想？他认为是巧合的可能性极小，认为梦有预兆作用的可能性极大。如果他学习了我的梦剧创作理论，情况可能就大不相同了。我写这一体会是想告诉读者，设想既可能会入梦，设想也可能会成真。如果设想既入了梦，又成了真，丝毫不表明兴奋类梦有预兆作用。设想成真有两种可能：一是设想符合科学、符合逻辑、符合实践；二是巧合、巧遇。而设想入梦是常见现象。不过，刺激梦，尤其是病梦，有可能是具有预兆作用的。刺激梦与兴奋梦的创作所依据的原理是有差别的。

体会2　设计捡钱梦剧并不难，但考虑捡钱的背景、场合和时间的设计却是极其讲究的。从我们的分析中可以清楚地看到，梦导设计的背景、场所和时间是何等得精心细致。这完全出乎了我们的预料。

以上分析了两个设想梦例。生活中每个人都有过各种各样的设想，有的设想如何规划未来的事业，有的设想获得爱情，有的设想发财，有的设想各种娱乐场景，等等。这些设想都有可能入梦，并在梦中获得了成功的喜悦。

这些都是美梦。还有噩梦，噩梦也有各种类型。一些被追捕的在逃犯，他们每天都在设想可能被逮捕、如何被逮捕，这些设想往往会入梦。他们噩梦连连，惶惶不可终日。一些预感到事业将遭到重大挫折的人，也会做各种设想。这些设想也会入梦，这些梦大多是噩梦。各种遭到挫折的人，在挫折之初也都会有各种设想，这些设想几乎都会入梦，都是噩梦。所以，设想是美梦和噩梦的来源。

（2）预想梦

自古以来，人们都认为梦有预兆作用。我不完全否认这一说法，本书的开始我就曾指出，内激梦可能具有预兆作用。我们的内脏器官如果发生病变，那么分布在内脏器官上的感觉神经就会发出信号，这就像我们的脚踩到石头，脚上的皮肤会发出疼痛信号一样。但是，白天活动很多，内脏病变发出的微弱信号被干扰了，中枢神经系统没有接到它的信号。睡眠中，白天的活动停止了，强信号没有了，内部病变发出的微弱信号被中枢接收到了，这个信号就可能成为梦点。梦导接到梦点信号后，就会围绕该梦点进行梦剧的创作，用梦剧演绎出来。这种梦剧，可能以奇幻的形式表现出来。内激梦属于刺激梦，而刺激梦梦剧的主要创作原理是**找理由原理**。

中国古代就有因身体变化而引发相应梦的论述。如《黄帝内经》的《灵枢》中写道：

阴气盛，则梦涉大水而恐惧；阳气盛，则梦大火而燔（fán）焫（ruò）；阴阳俱盛，则梦相杀；上盛则梦飞，下盛则梦堕；甚饥则梦取，甚饱则梦予；肝气盛，则梦怒；肺气盛，则梦恐惧、哭泣、飞扬；心气盛，则梦善笑、恐畏；脾气盛，则梦歌乐、身体重不举；肾气盛，则梦腰脊两解不属。

傅文录先生在《梦与科学》❶一书中谈到梦的"预示未来"作用时，其中有一个观点，我觉得似乎是有道理的，现将原文摘录如下。

凡是大自然的变异，如地震、暴雨、天灾等之类，当它们处于萌芽状态之时，即会对人体产生一定的刺激，这种刺激在某些人的睡眠中即可形之于

---

❶ 傅文录. 梦与科学 ［M］. 北京：中国医药科技出版社，2003：105-106.

梦，见梦之后便不久就会发生。所以这种先兆或先见，一点也不神秘。

南开大学刘文英教授在其所著《梦的迷信与梦的探索》一书中研究认为："同一种自然变异，有的人反应可能灵敏，有的人则反应可能迟钝，有的可能见之于梦，有的可能不见之于梦。……这种先兆、先见犹如地震来临时许多生物都有异常反应一样，它并不是梦的认识功能。至于社会生活的变化，虽然也会在人的精神心理中引起一种反应，进而形之于梦，有时候对未来甚至产生某种预感这则涉及梦的认识功能。"

在这里，刘文英先生谈到了社会生活的变化在梦中的反映。这与大自然的剧烈变化之前对人体的影响在梦中的反映，性质是完全不同的。后者可能是自然真实的力量对人体的作用引起的，前者不可能有自然真实的力量产生作用。我不完全否认，有的梦好像在社会生活中应验了，但那一定是预想而不是预兆。解梦的书多如牛毛，大多将预想当成预兆，说得有鼻子有眼似的，往往叫年轻读者难辨真假。

(3) 疑似预兆梦

阎明光之梦

有些梦，好像真有预兆作用。我发现了一个特殊的梦例：阎明光之梦，介绍如下。（摘自 2015 年 9 月 2 日网上报道的《中国青年报》阎明复的《阎明复忆父亲》一文。）

在这次寻访中，阎明光得知，1968 年 5 月，在一次拳打脚踢的深夜提审后，父亲昏迷不醒，被送到当时的监狱医院复兴医院。姚艮陪她找到当时在医院现场的老工人。老工人指着候诊室的长椅说："抬进来时就放在这里，很久没有人来抢救……"

阎明光听后泪流满面："这就是我在梦中见到父亲的场景！"

在父亲被抓后的一天夜里，阎明光曾做过一个梦："梦见父亲穿着灰大衣，一个人孤零零地躺在医院的长椅子上，我跪在椅子前痛哭流涕：'我再也没有爸爸了……' 我就这样哭醒了。"

阎明光所说之梦，我相信绝非虚言。但我认为，这个梦不是预兆之梦，而是预想之梦。她父亲被抓后，她可能想过，父亲可能会遭不测。在那个年代，她很可能做过好几种设想，设想父亲可能会遭到种种不测的场景。这种极度担心之事，很容易入梦，并成为梦的主题。入梦后，梦导接到的指令是反映她对父亲的安危极度担心的心情。梦导要按照这个心情指令来设计情节。在设计具体的情节时，梦导根据梦者的生活经验来选材。梦者的经验是，医院里一般都有长椅子（那时中国的医院里，候诊室、走廊里的椅子几乎都是长的），于是梦导选择了长椅子来设计梦情节。梦导没有选择病房，而是选择了候诊室或走廊，这是有讲究的。在那个年代，梦者可能会有这样的认识：所谓的"牛鬼蛇神"是没有资格进病房的，整人者的目的就是要把你往死里整，还会放到病房里救治吗？于是，梦导设计其父躺在长椅子上（梦中没有交代是候诊室还是走廊里的长椅子），无人问津。梦中没有直接表示其父是否已经去世，因为梦者做梦时，其父还未去世，所以梦导在这里留了余地。梦者估计其父已去世而痛彻心扉，极度地伤心，直至哭醒。此梦就是极度的担心而引发的预想之梦，梦导就地取材（长椅子）编演了这一幕令所有人都悲泣的梦剧。

这个不堪回首之梦，我本不忍重提的。析梦时，我的心纠得很紧。为了科学，为了揭开梦的秘密，我不得不详细分析这个特殊的梦——疑似预兆之梦。这种疑似预兆的梦例极少，但分析疑似预兆梦例，在理论上具有特别重大的意义——梦是否具有预兆作用。因为如此，我才将这个不愿重提之梦做详细分析了。我不知道，我的分析是否符合梦者当时的想法。在此，我向阎氏兄妹深深地致歉。

由以上分析，我仍坚持认为，此梦并非预兆之梦，而是预想之梦。

林肯被刺之梦

还有一个更为著名的所谓预兆极为灵验的梦例，那就是美国第 16 任总统 A. 林肯被刺杀前做的自己被刺梦。

1865 年 4 月上旬的一个晚上，林肯总统做了一个奇怪的梦：梦中周围一片黑暗、静寂，忽然他隐约听到有抽泣之声，但看不见人。他下楼寻找哭声来源。他顺着屋子一间一间地去找，每个房间亮着灯，但看不到人。

他感到迷惑和惶恐，一路找去，结果来到了白宫的东厅。大厅里横着一副灵柩，里面躺着一具尸体，逝者的脸被蒙住了。东厅里有很多人，守灵的都是军人，还有很多不认识的人，人们都悲痛欲绝。林肯问一个士兵："是谁死了？"士兵回答说："是总统。他被刺杀了。"刚一说完，哭声更加震撼而沉痛。

这时林肯被惊醒了。次日早上，他把这个梦告诉了其夫人。数天之后的 4 月 14 日晚上，林肯总统邀请格兰特将军及其夫人观看歌剧《我们美国的表兄弟》，地点在华盛顿的福特剧院。当晚 10 点，演员布斯随其他演员顺序地进入了剧院的总统包厢。他从容地掏出枪，对准林肯头颈部连开 8 枪，次日凌晨 7 时许林肯不治身亡。他的灵柩正好停放在白宫东厅。这就是著名的林肯被刺前的梦。

这个梦便被许多人认为是预兆灵验的典型案例。其实，这个梦例并不是预兆梦的极好案例，而是预想梦的极好案例。历时五年的美国"南北战争"损害了南方奴隶主的利益，林肯便成为了被暗杀的主要目标。此前林肯已经遭遇过两次暗杀了，所幸都被他侥幸逃脱。此次被刺前不久，他已经收到 80 多封暗杀威胁的信件。如此险恶的事件不可能不在他的思想上形成严重的顾虑。在此形势下，他在清醒状态下作可能被行刺的种种情节设想，以作防范，也是人之常情。此种严重的顾虑在睡眠中成为梦点的概率极大。梦导根据此梦点及其相关的心情创作自己被刺杀的梦剧几乎是必然的。显然，这是预想梦，是设想梦，而不是预兆梦。

5 灵感梦

关于在梦中能获得灵感的报道，我以前也看到过。我自己在梦中还写过诗，那是年轻时的事。我认为，梦中获得灵感是完全可能的。白天连续高强度的思维活动，梦中接着白天的研究继续思考，从梦理上说，是非常可能的。关于别人在梦中获得灵感的事，我在文献中查到了几例，摘录给读者，以供参考。

飞舞的扑克牌——俄国化学家门捷列夫之梦

19 世纪中叶，人们已发现了 63 种元素，化学家们考虑这些元素之间是否存在某种规律，许多化学家为此做出了努力，先后出现过三音素组、八音素组等，但都不满意。

俄国化学家门捷列夫研究元素分类已经 15 年了，他夜以继日地思考。一天晚上，他还在研究用类似扑克牌的纸块排列元素。不知过了多久，他在思考中进入了梦乡。

梦中，他看到一张张扑克牌有序地进入一张大表中，醒来后，他按梦中的表格排序，元素的性质随原子序数的递增，呈现有规律的周期性变化——现代元素周期律诞生了。他在表中为未知元素留下了空位，后来很快有新的元素来补位，各种性质与他的预言惊人地吻合。

元素周期表的发现是一项划时代的成就，因为门捷列夫是在梦中获得了灵感，所以他被人们称为"天才的发现，实现在梦中"。但门捷列夫却不这么认为，把这个累积 15 年的成就归功于"梦中的偶然"让他忿忿不平。他说："在做那个梦以前，我一直盯着目标，不断努力、不断研究，梦中的景象只不过是我 15 年努力的结果。"

蛇咬尾旋转——德国化学家凯库勒之梦

苯（C_6H_6）这种有机物早在 1825 年就已被英国科学家发现，知道它是一种重要的有机溶剂和合成原料，但并不了解苯的分子结构。6 个碳原子和 6 个氢原子怎样排列，形成稳定的分子？几十年中不少科学家都在研究苯分子结构，但徒劳无果。化学家凯库勒也是当时的研究者之一，凯库勒经过几年的研究仍无结果。有一天他在马车上睡着了，做了一个梦。他说："一天我做了个梦，原子在我面前不停地旋转，显示出无数图形，原子像蛇一样，长的、短的、粗的、细的、盘绕着的。突然一条蛇咬住自己的尾巴，变成一个环状体，在我面前旋转。我似触电一样醒来。……从而为苯环的发现提供了线索。"这就是著名的正六边形环，它开辟了有机结构研究的新纪元。

实验方案——奥地利生物学家洛伊之梦

1921年复活节前的夜晚，洛伊从梦中醒来，他迷迷糊糊地拿起一张纸写上些东西，接着又睡着了。凌晨6点，他突然想到自己昨夜记下了一些极其重要的东西，赶紧把那张纸拿来看，却怎么也看不明白。幸运的是，第二天凌晨3点左右，逃走的新思路又回来了——它是一个全新的实验设计方案，可以用来验证洛伊17年前提出的一个假说是否正确。

洛伊赶紧起床，跑到实验室，取出两只青蛙，按梦中的实验方案进行实验。通过实验他发现，神经并不直接作用于肌肉，而是通过释放化学物质来起作用，神经冲动的化学传递物质——乙酰胆碱就这样被发现了。乙酰胆碱被称为神经递质，后来科学家又发现了其他神经递质。洛伊开启了一个全新的医学研究领域，并由此获得了1936年诺贝尔生理和医学奖。

其实洛伊之梦就是一个设想梦。他17年前就有这方面的猜测和设想，只是当时还没有具体的实验方案。我想，洛伊17年来会一直思考这个问题，一直在猜想和设想，终于在1921年复活节前的晚上，设想在某个相关的梦点的启发下进入梦境中。如果梦前没有任何设想，就不可能做这样的梦。

尖头之梦——美国人埃利亚斯豪之梦

原来的缝纫针的穿线洞都开在与针尖相反的一端，缝纫时，针先穿过布料，线后穿过布料。这种方式手工缝纫没有问题，但工业化缝纫机需要让线先穿过布料。当时的发明家发明了双头针等，但效率都不高。

19世纪40年代，埃利亚斯豪经过长期研究但是仍不能解决该问题。一天他在思考中进入梦乡，梦见一帮野蛮人要用鱼叉处死他。当鱼叉对着他时，他看到鱼叉尖头上开着孔。这个梦激发了他的灵感，他决定放弃手工缝纫的原理，设计了针孔开在针头一端的曲针，配合使用飞梭来梭线。1845年他的第一台模型缝纫机问世，这台机器每分钟能缝250针，比几个熟练工人一起干活还快，真正实用的工业化缝纫机由此问世了。

烂白菜——印度某化学家之梦

印度有个化学家正在苦苦寻找一种对加工原油有用的酶，他梦见了一辆满载烂白菜的卡车。早上，当他重新开始找酶的工作之后，突然想起烂白菜之梦。引起白菜腐烂的细菌能不能产生他所急需的那种酶？经过实验，他发明了用烂白菜分离出酶的办法，并成功地将它应用到石油加工中去。

【灵感之梦体会】

以上这些科学家、发明家获得灵感的梦给我们什么启示？他们苦苦思索了很多年，每天都在全神贯注地思索着，这种高强度的思索在某个睡眠中成为梦点的可能性极大。前文中我们曾说过**强思入梦**现象，上述灵感之梦，都是强思入梦的例子。梦点出现后，与研究对象的心情结合，成为梦的主题。梦主题确定后，梦导就开始创作续演类梦剧。梦导接过白天的思维流，继续进行研究。梦导的研究与白天的研究既有相同之处，又有不同之处。相同之处是，两者研究的基础都是梦者的经验库（实践经验和知识经验），因此，取材于同一个材料库；不同之处是，两者的思路、思维方法有很大的差别。梦导首先会抛开惯性思路，而惯性思路是束缚思维的最大障碍。不妨将惯性思路、惯性思维叫**惯性迷宫**。白天我们也想抛开惯性思路，但我们在惯性迷宫中就是找不到出口。但是梦中就不同了，梦导创作的几乎每一个梦剧都不遵循惯性思路，而是奇思妙想迭出，超贯（性）思维频频，完全超出了白天所能想到的方法。例如，在"学生违纪之梦"梦例中，梦导设计学校认为学生违纪的事件——你只要写了曹靖清的名字，不管写他好还是写他坏，都是不容许的，都算是违纪。这种禁言禁忌的手法，白天我想破脑袋也想不出来。将梦导思维作为一个单独的概念吧。所谓**梦导思维**，是指梦导创作梦剧的奇特思路和手法。相对于梦导思维，就是清醒状态下的思维，那就叫**醒态思维**吧。两者的差别在于思路和手法是否奇特，是否超越了惯性思维。以上这些科学家、发明家在梦中继续白天的研究时，梦导思维大显身手，找到了惯性迷宫中的很多出口，打开出口，冲出了迷宫，获得了新的宝贝——新的方法、工具、方案、旋律等——这些都叫灵感。

6 神话梦

梦剧也有神话类剧目，以前我是不知道的。从理论上分析，梦剧既然属于艺术，梦导创作神话故事就一点也不奇怪了。由于梦剧都很短，其神话故事情节就不可能复杂，所以神话类梦剧似乎都不够精彩。当知道这个神话故事就是自己创作的时候，你又会感到不可思议了，因为自己不是作家，从来没写过小说，你不敢相信这是自己创作的艺术作品。由此我们再反思，自己原来是有艺术才能的，是可以成为作家的，哪怕是最蹩脚的作家，那也是作家呀，自己有艺术作品为证的呀。由此我们可以有理有据地推断，人人都有艺术才能，人人都是艺术家。

> **梦例 14——人变鸡之梦   20070630 号（一，141）**

梦的记录如下：我与 G 一同走进一间院子，忽见栏杆边拴着一条大狼狗。狗向我们龇牙咧嘴，很凶。G 说："我可以制服它。"于是，他在狗对面趴下了。当他趴下后，他就变成了一只大公鸡，大公鸡的两只大翅膀向前做拍打状，此时，那条狗也变为母鸡了。公鸡很凶地拍打翅膀时，母鸡蹲下来了，公鸡就跳到母鸡背上，做交配状。

人变成公鸡了，狗变成母鸡了，人狗变成的鸡竟亲密地交配，真是奇怪之极。怎么会做如此奇怪的梦呢？让我们来观摩梦导的创作。

【观摩"人变鸡之梦"的创作】

第一步，梦导接收并确认梦点。

显然，梦中出现了人、狗、鸡三个演员，他（它）们应该都有各自的梦点来源。

G 是我的同事，是一个敢说敢为的人。昨天他在单位职工大会上做了一个发言，语惊四座，受到职工的好评和支持。睡眠中此事件成为一个梦点了。

那只狗是我每天都遇到的。我每天爬山都经过一个别墅，那院中的两只大狼狗总是向我狂吠，我去时它们从西追到东，我回来时它们又从东追到西，天天如此，令人生厌。

那只公鸡，非常有意思。最近，我发现我们住宅区有户人家养了一只大公鸡，长得很漂亮、威武，它是住宅区里唯一的公鸡。它找到好吃的，就发出"咕、咕、咕"的叫声，召唤母鸡们来吃。母鸡们也总是一齐奔来，但往往只有一只母鸡靠它最近，公鸡衔着食物送给这只母鸡。这场景太有趣了。后来每当我听到公鸡"咕、咕"的叫声，我总是跑到阳台上观看这动物的爱情交流场面，总是令我生出许多感慨和对人间爱情、夫妻情感关系的思索。这只公鸡给我留下了非常深刻的印象。

第二步，梦导根据梦点，搜索我白天或近来与梦点相关的心情。

这次有三个梦点，梦导要根据梦点信号强度来选择主梦点，然后根据主梦点来搜索与主梦点相关的心情。梦点不同，与它们相关的心情就不同。这三个梦点的信息强度都比较强，哪个更强一些而能成为主梦点？人们脑中的信号强度接近的几个待处理信号竞争（即待处理信号要按次序排队）时，首先由它们的相关情感类别来排队，在选择处理爱和恨的信号时，通常是将处理恨的信号排在处理爱的信号之前，因为恨的信号往往是突然而来的，而爱的信号往往是在较长时间内相伴随的。我对 G 与鸡是爱的情感，而对狗是恨的情感，所以，狗成为主梦点。我对狗的情感是什么？我讨厌它，想镇服它。

第三步，梦导根据梦点及与梦点相关的心情确定梦剧主题。

梦导确定，镇服狗。

第四步，梦导根据梦剧主题，构思梦剧框架情节。

最难最精彩的就是构思框架情节，即构思一个什么样的故事来表达梦剧主题呢？表达同一个主题，作者不同，构思出来的故事天差地别。在这里，梦导要构思什么样的情节来镇服狗呢？梦导还要将三个梦点都编进故事里。于是，梦导采用**梦点组合思路**来创作梦剧。人可以镇服狗，但人如果赤手空拳就镇服不了狗。所以，构思人直接镇服狗是不行的。鸡非但镇服不了狗，还会被狗咬死。要鸡帮助人来镇服狗？怎么帮？这同样不行。刚才的分析都是基于现实逻辑的分析。如果梦导被现实逻辑所限制，他就无法完成表达梦剧主题的任务。梦导或许是被迫无奈（即被迫要冲破现实逻辑的制约），或许是故意地（故意地显示一下自己超越现实的技能）采用了神话艺术手法来构思一个典型情节以表达主题。具体情节见"梦的记录"。

第五步，梦导根据梦剧框架情节，设立梦剧主要角色。

主要人物当然是 G，还有"我"，但此剧中狗和鸡也是主要角色。通常梦剧中的角色形象从头至尾都不变，但此梦剧是神话梦剧，角色形象还会变化，就像孙悟空的形象可以变来变去一样。

第六步，梦剧的情节、背景、道具等的设计及演出。

剧中背景是一个大院子，道具是里面的栏杆，栏杆上拴着一条大狼狗。梦中的院子与真实的那个别墅的院子类似但不完全相同。真实的别墅大门总是关着的，院中的狼狗没拴。梦剧中 G 与"我"要去镇服狼狗，就必须进入院子接近狼狗，那只凶猛的大狼狗就必须要拴住了，否则在未镇服它前就被它咬伤了，镇服狼狗的梦剧就没法表演了。"狗向我们龇牙咧嘴，很凶。"狗忠实于主人，对我们陌生人当然想驱赶。如果它不露凶相，我们就没有镇服它的理由了。G 说，"我可以制服它"。这是梦导展现梦剧主题的开始情节。接下来的情节是梦导运用神话手法，演出镇服狼狗的过程，三个梦点巧妙地结合在一起了。凶猛的大狼狗变成了温顺的母鸡，被大公鸡的漂亮颜值镇服了，它是被爱镇服的。没见刀钩棍棒，没见血肉模糊的镇服场面，见到的是温馨的画面。用爱的方式而不是用暴力的方式来镇服凶猛狼狗，折射出梦导高超的艺术境界和思想境界。

我最心仪的那只公鸡成为镇服狼狗的"英雄"了，"我"爱它的情感得到了充分的宣泄。G 在这里做了"牺牲"，委屈地将自己变成了鸡。他在职工会上做了符合职工利益但不合领导口味的大胆发言，就是牺牲精神的表现。不过，梦中"他"也有回报，"他"成为"英雄"了。现实中，他的发言也被职工视为"英雄"之举。我对狗的恨、对 G 的敬佩、对公鸡的爱戴在梦导构思的简短梦剧中得到了充分的展露。看似脱离了真实的简简单单的神话梦剧，里面深藏着真实世界的逻辑和情感。亲爱的读者，当我们观摩了梦导的构思过程、创作技巧、细密设计后，你是否被梦导艺术水平的高超震撼？

【梦剧创作理论探索】

我有幸见到了神话类梦剧，发现了梦导也使用神话艺术手法来创作梦剧。此剧的创作与《西游记》的创作在艺术手法上几乎是相同的。

我们还见到了梦导如何将人、狗、鸡三个毫不相干事物的梦点糅合在一起的艺术手段。这种艺术糅合手段在前面的梦剧创作观摩中，我们已经见过几次了。**糅合思维**是艺术家们必须具备的艺术创作能力之一。读者们在前面的观摩中已经发现了，糅合思维是构建梦剧框架情节的有力手段之一。如果我的读者中有从事艺术的，我想，他一定有同感。其实，在自然科学的研究中、技术发明创造中，糅合思维也大有用场。为什么科学家、工程师们往往也是艺术的爱好者呢？因为科学与艺术也有互通之处，科学家、工程师从艺术中往往能得到一些思路和灵感，例如，糅合思维就是艺术与科学互通的思路之一。

【体会】

本来人们对人、狗变成鸡的梦会觉得奇怪、玄妙，不可思议，但现在你们还会感到不解和奇幻吗？我相信，没有一个读者对此梦还有神秘感了。是的，谜底一旦揭开，迷幻不过如此。通过前面十几个梦剧创作的观摩，我想我的读者对此剧的创作分析，已经是小菜一碟了。这是我的成绩，也是我的梦剧理论的成功。本书的解梦不是既可能是这样，又可能是那样的分析，而是不可更改的唯一的答案。

梦例15——火中洗浴之梦　　　20070808 号　　周三（二，77）

梦的记录如下：（前面已有长的梦）这时走过来几个人说要洗澡。出现了两个长长的火盆，里面有用焦炭烧的火，火势很旺。两个人躺在火盆里用双手做洗澡动作，头部火苗直往上蹿。我问他们，"你们怎么这样洗澡"？他们说，"就是这样洗的"。（梦还在继续，但内容已经转向其他了。）

人竟能在烈火中惬意地洗澡！这太不可思议、太神奇了。这么奇怪的梦是什么意思呢？让我们来观摩和欣赏梦导的创作。

【观摩"火中洗浴之梦"的创作】

第一步，梦导接收并确认梦点信号。

这个梦剧的梦点也不是很难找。我抓住了"两个长长的火盆"的细节，比较容易地就找到了梦点。事情是这样的：昨天爬山回来时，经过了废品收购棚区。平常他们加工废品都在铁皮房里，看不见加工情况。但昨天有个房的房顶铁皮拆了，可能是要改建吧。我走进去，看他们使用简单机械加工废塑料袋的过程：首先用机械将塑料袋扯碎，再输送到运转的皮带上清洗两遍；其次将清洗好的塑料碎片倒入锅中融化，塑料片融化后，再倒出融化成黑色黏稠状液体，冷却结成饼状块，再用砍柴刀砍成长条状，再将长条砍成小方块形。这些黑色小方块就是回收加工好的初级品，就可以卖给下一家，再加工成再生塑料品了。那两口融化塑料片的大锅，长 2.5 米左右，烧焦炭，火力很强。一个戴口罩的小青年将塑料片加入锅中，另一个工人用铁钩拨着火，对面还有一个工人掏炉渣。梦中的那两口大火盆，就是昨天见到的那两口锅。为什么锅变成浴盆呢？在我们的印象中，锅都是圆形的，而浴盆是长方形的。因为那个锅是长方形的大盆，与家用浴盆极其相似。

第二步，梦导搜索与梦点相关的心情。

昨天我看工人操作时，心想他们很辛苦，温度那么高，脸都烤红了，就像炼钢工人那样。炼钢工人虽面对更高温度，但炼钢工人是轮番上阵的，而且还戴着面罩；而他们始终在炉旁，没有面罩（有一人戴着纱布口罩，那是防气味的，而不是防高温的），每天都这样一干几个小时，辛苦不说，会不会影响健康？这就是昨天我看他们操作时的心情，即担心高温会损害工人的健康。

第三步，梦导根据梦点及与梦点相关的心情确定梦剧的主题。

这个梦是梦点续演梦，梦点与心情是同一的。因此梦剧的主题就是我担心高温会损害工人的健康。

第四步，梦导根据梦剧主题，构思梦剧框架情节。

无论是作家根据主题创作小说、戏剧、电影剧本，或雕塑家根据主题构思作品形象，或音乐家根据主题构思主旋律，等等，构思框架都是最难最奇妙的一步。要问这些艺术家是怎么想到那样构思的，他们自己也不一定能说清楚。同样，梦导构思梦剧框架情节也是最奇妙的过程，没有任何人能说明，梦导为什么会构思那样的框架情节。因为表现主题有各种各样的方法，艺术家们会从中选择一种来表达主题。至于为什么选择这个不选择那个，这里随机性较大。

在这里，梦导怎样来表达"我"担心高温会损害工人健康的心情呢？可以构筑高温真的将工人烤坏了的情节。我白天看到的只是工人的脸被烤红了，但并未看到工人有被烤坏的地方或被烤坏的样子。因此梦导认为我的担心是多余的，是杞人忧天。为此，梦导要用"事实"来让"我"看看，工人是不怕这种高温的。当然，现实的逻辑是很高的温度会烫坏人的。为了避开这一现实逻辑的制约，梦导采用了神话艺术手法。所以，梦导构思了工人在烈火中洗浴的画面来让"我"看的情节。孙悟空在太上老君的八卦炉中被烈火焖烧四十九天而不死，工人在火盆中洗澡，也就没有什么奇怪的了。"我"看到工人们竟能在火中洗浴，当然根本就不用担心他们在热锅边被高温烤坏了。至此，梦剧的主题就表达充分了。

第五步，梦导根据框架情节，设立梦剧主要人物。剧中主要人物当然是工人，"我"也是必不可少的剧中人物。

第六步，梦剧情节、背景、道具的设计及演出。

道具是长方形的大火盆，背景是火盆中有烈火在燃烧。这个道具显然就是昨天我在铁皮房里看到的那两口长方形的大锅。梦导为了表演火中洗浴，需要长方形的浴盆。梦导选择梦剧素材，通常要到记忆库里搜寻。搜寻到昨天我看到的长方形大锅，梦导就地（记忆库）取材，将长方形大锅改成长方形浴盆。不过，这个浴盆里放的不是水而是焦炭火。焦炭烧的火也是昨天看到的。"我"看到他们在火中洗浴，当然十分惊奇，我的经验与"我"眼睛看到的"事实"发生了冲突，"我"似乎不能相信自己的眼睛才问他们，"你们怎么这样洗澡"？这样问是想知道他们有什么特异功能。他们含糊地回答说，"就是这样洗的"，"我"还是不得其解。梦导采用神话手段来打消"我"的杞人忧天的顾虑，达到了梦剧主题的目的。但从梦剧最后的问答来看，"我"还是将信将疑。

这是又一出神话梦剧。

【梦剧创作理论探索】

我们观摩了此剧的创作，梦理论方面有什么要提炼、提高的？将梦导创作此梦的思路给一个名称吧。人在火中洗浴，肯定是**神话艺术手法**。梦导为什么要使用神话手法来设计这个典型情节呢？这一思路从何而来呢？梦导根据心情规则，为了消除"我"的担心，要用"事实"来让"我"看，工人们是不怕火的。所以设计了工人们在火中洗澡的情节让"我"看，为此采用了神话手法。这种创作思路叫什么？叫"摆事实，讲道理"，或称**事实证明思路**。但梦导摆的事实与真实的事实完全不同，它摆的"事实"是虚拟的事实，是用神话艺术手法虚拟出来的事实。将这样的事实称为"虚真事实"。什么叫虚真？就是梦中以为是真的，醒来后发现是虚拟的，这样的"真"就叫"虚真"。真实中的"真"就叫"实真"。所以，将此梦的创作思路称为摆虚真事实，讲道理的思路，或称**虚真事实证明思路**。不管是虚真事实，或实真事实，讲的道理却是相同的。在实真中，如果工人能穿着防火衣工作——像消防队员那样，工人们就不怕火烤了。两者讲的道理就是，有了防火保护，就不怕火烤了。其实，梦剧中见到的"事实"，大多是"虚真事实"。此剧的摆虚真事实，讲道理的思路，还可以称为**"反其道而行之"思路**——反我的杞人忧天而设计梦剧。这是又一种艺术创作思路，用这个思路来构筑框架情节，往往使我们一时难以看出梦导的用意。这里又使用了神话手法来表现"反其道而行之"的主题，更具有神秘性。我们有幸见识了"反其道而行之"手法的奇幻表演，揭开秘密后，我真是很高兴，因为我又锻炼了一次思维能力，并有了比较满意的结果。

这里我们见到了梦导使用神话艺术手法，我们从中得到了什么认识呢？梦导不是无缘无故就使用神话手法的，而是根据创作思路被迫采用神话手法的。梦剧创作是先有思路，后有艺术手法，思路决定了所采用的艺术手法。当然，所采用的艺术手法并不一定是唯一的，大多是从多种可采取的手法中选择其中的一种。我想，其他艺术的创作也是先有构思思路，然后根据思路决定采用何种艺术手法的吧。

【体会】

这里我们再次看到了梦的心情规则对于解梦的威力。如果不用心情规则，这个梦是解不开的。梦中人在冒火的浴盆中洗澡，梦导设计这一典型情节究竟要表达什么意思呢？解析此梦还是有点难度的。解梦不能毫无规则、不着边际地想象，要根据五大规则来想象。心情规则是梦导创作梦的中心规则，一切梦的情节都是围绕心情规则来设计的。这个梦的心情，是我对工人们的体恤、同情，担心高温可能会危害他们的健康。根据这个心情就能慢慢揣摩出梦导的"反其道而行之"的构思思路来。根据这个思路，就能理解梦导为什么要使用神话手法了。

我们连续观摩了两个用神话艺术手法创作典型情节的梦剧，不知道梦的创作原理的人，一定会认为梦奇幻无比并对梦境产生种种臆测。对神话、童话的电影感到神秘、奇幻的是儿童，大人们对此是不会有神秘感的。因为儿童不懂得神话、童话的创作原理，而大人们是都懂得神话创作原理的。人们看神话梦剧也是同样的道理：懂得神话梦剧创作原理，就不会感到奇幻，不懂神话梦剧创作原理，就会对神话梦剧有奇幻神秘感。

此外，我们从神话梦剧的创作中还能得到什么样的认识呢？梦导使用神话手法构筑典型情节并不是故弄玄虚，而是根据梦剧创作构思思路来的，而构思思路是根据梦剧主题来的，梦剧主题又是根据梦点及与梦点相关的心情来的。我们清晰地看到了梦剧创作的思维路线。

7　回忆梦

> **梦例16——帅气之梦　　20101008 号　周五（二，132）**

梦的记录如下：在一个大房子中有很多人。Y 和 Z 夫妻也在。忽然有人发现我帅，大声说，"他真帅"，大家都转过头来看我，弄得我很尴尬。于是我故意问 Z："你小孩大了吧?" Z 说："早上幼儿园了。"

我与 Y 两口子已经 20 多年未见了，即使梦中见到他们，与"我"帅不帅有什么关系？这就是奇怪之处。让我们来观摩和欣赏梦导的创作吧。

【观摩"帅气之梦"的创作】

第一步，梦导接收并确认梦点信号。

我回忆到 Y 大约有一个星期了，这是跳思回忆到他们夫妻的。梦中也许也是跳思突然想到他们的。

第二步，梦导根据梦点搜索与梦点相关的心情。

Y 成为梦点后，梦导到我的记忆库里搜索与 Y 相关的事件，将我第一次见到他们夫妻时的场景搜出来了。我第一次见到 Y 还是 20 世纪 70 年代初，也是在一个大房子中——职工食堂，有一二十个人在排练文艺节目。他的妻子 Z 虽在场，但他还是吸引了较多女孩的关注。我还是第一次亲眼见到如此帅的男人，少数女孩几乎是不由自主地以微妙的动作接近他。近 40 年过去了，这个场面至今还记得比较清晰。当时的感觉就是 Y 的帅气令人关注。梦导搜寻到 Y 受到众多女孩关注时，将"我"近来受到众人关注时的心情也一并搜出来了。我受到别人当面的赞扬是常有的事，主要因为我虽年纪大，但爬山爬得快。男女老少几百人爬山，能超过我的不超过 10 人，而且除了打雷、台风等极端天气外，我风雨无阻，每天爬山。经常有陌生人当面称赞我，主动与我攀谈。一个人受到别人的赞扬，心里总是高兴的。

第三步，梦导根据梦点及与梦点相关的心情确定梦剧主题。

梦到 Y 时的心情是他的帅气受到众人的关注，由 Y 受到关注引起回忆到"我"也受到众人的关注。梦导将"我"受到关注时的高兴心情作为梦剧的主题了。

第四步，梦导根据梦剧主题，构思框架情节。

如何将 Y 受到关注与"我"受到关注时的心情结合在一起表演呢？两人受到关注的原因是不同的，Y 是因为帅气，"我"是因为爬山爬得快。回忆到 Y 时，其梦中背景是一个大房子。梦剧创作要遵循"适于表演"规则，以这个大房子为梦剧背景，如何将"我"受到关注的心情表演出来？"我"是因为爬山快而受到关注的，在大房子的背景中如何表演爬山？显然不行。在大房子背景中，受到关注的应是 Y，而不是"我"。梦导为了表现主题，采用了移花接木的思路，将 Y 受到关注之帅气硬是移植到"我"身上，变成"我"帅了。"我"因为帅而受到众人的赞扬。主题就这样表达了。梦真的很奇妙。不过，此处梦的奇妙来历已被我们看得清清楚楚。

第五步，梦导根据梦剧主题，设立主要角色（人物）。

Y 和他的妻子当然是主要人物，还有"我"也必然是主要人物。"我"受到众人的赞扬，众人被梦导设立为次要人物。

第六步，梦剧的情节、背景、道具的设计及演出。

背景是大房子，显然就是那个职工食堂。"忽然有人发现我帅，大声说，'他真帅'，大家都转过头来看我。"忽然有人说"我"帅，是画外音说的。这是根据最简设计规则设计的画外音。如果出现人物形象，则要动用很多神经通道，耗费很多智力能量。注意，受到别人的关注与被别人当面赞扬帅是有区别的。Y 的帅气当时虽然受到了大家的关注，但没人开口赞扬他帅气，男青年们不会当面说他帅，女孩们更不好意思当着那么多人说他帅。所以，Y 只是受到关注而已，并没有人赞扬他帅。他帅，是我的感觉，并不能代表在场的所有人的感觉。如果在此梦剧中"我"像 Y 那样，只是受到别人的关注而没有人开口赞扬"我"帅，"我"怎么知道别人认为"我"帅呢？因为"我"认为自己并不帅。只有别人开口赞扬"我"帅，"我"才知道别人的看法，才能从中感受到受别人赞扬的心情，这样才能将梦剧的主题表演出来。我们要时时记住梦活动的性质，梦活动是艺术表演，从表演的角度分析，才能将现实事件与梦剧中的事件的区别看清楚。梦导在这里虽然使用了**移花接木**的手法将梦剧的框架情节构思出来了，但别人开口赞扬"我"帅与现实事件是不同的，这还是颇费匠心的。"我很尴尬"，"我"为什么尴尬？因为"我"认为自己不帅。如果赞扬"我"登山快，"我"还能受用，因为这是事实；说"我"帅，真正的帅男 Y 就在身边，这样说，"我"哪能不尴尬呢？后面"我"与 Y 夫人的对话，纯粹是为了掩饰"我"尴尬的心态。用转移话题的方式掩饰尴尬心态是人们常用的方法。

自此，梦导创作此剧的过程和手法已清楚地呈现与我们的面前。

【梦剧创作理论探索】

从前面的观摩中，我们已经知道梦导使用了移花接木的构思思路创作了此梦剧。

此剧是将现实与回忆结合起来而创作的梦剧。我爬山快是现实事件，而"帅气"是 40 年前的事件，两者巧妙地结合在一起了。这样的思路也可称为**今昔结合思路**。

我们还见到了梦导使用转移话题的手法来设计情节。转移话题的目的是掩饰尴尬的心情，这与我们在真实情景中使用的方法完全一致。

【深度思考】

这个看似简单的梦剧创作和演出过程，我们已经观摩了，但这个梦剧涉及的梦理论却不简单。这个梦境是 40 年前的场景，显然是回忆构成的。但是梦中的"我"完全不知道是在回忆。为什么呢？因为梦中的"我"直接参与了现场活动，身临其境，亲身活动与白天的活动一样。这里发生了时光"倒流"现象，自己"真的"回到了从前。白天回忆是什么情况？回忆的亲身活动是，我在努力地回想过去的事件，而且我清楚地知道自己是在回想，而不可能参与过去的事件。将由回忆情节构成的梦称为**回忆重演梦**。回忆重演梦与回忆的区别就在于两者的亲身活动不一样，回忆重演梦的亲身活动是自己亲身参与了场景中的活动，而回忆的亲身活动仅仅是自己在回想，而不可能参与到过去的事件之中。回忆重演梦发生了时光"倒流"现象，而回忆不可能使时光真的倒流。回忆重演梦是虚真思维活动，而回忆是实真思维活动。

梦中回忆出的场景分两种：一是有人物活动的活动场景；二是无人物、动物的简单静态场景。当梦中回忆出人物活动场景时，在亲身参与规则要求下，自己都要参与到活动场景中。由于亲身参与了过去的场景中的活动，所以梦中就不知道在做梦，也不知道是回忆出的过去的场景。梦中也可能要回忆某个静态简单场景，例如，回忆一栋房子、一座山等，而且梦中自己知道在回忆那个房子、那座山，但梦中自己没有参与到那个场景中。这时，就知道自己在回忆。注意，那一定是无人物活动的简单静态场景，无须参与场景。

从这个短短的回忆重演梦的分析中，我们在梦理论和思维方法等方面都有收获。例如，要将回忆构成的梦与回忆明确地区分开来，是要费一点脑筋的。我发明了"**亲身活动**"这个概念，这个概念来源于"**亲身参与规则**"，这就抓住了区分两者的关键。有了这个关键，我们就可轻松、准确地将道理说明白了。我们还发现了"**时光倒流**"现象，这是怎么发现的？梦中，亲身参与了过去的事件，将这个现象给以命名，那就叫"时光倒流"了。命名思维活动是提炼、提高思维的一个重要方法。一个现象、一个事实，你不提炼、不提高，它就仍然是现象、是事实，而不是概念、不是理论。你要对一个经常出现的现象、一个普遍存在的事实给以命名、给以理论解释，要打破砂锅问到底，这样才能上升到理论的高度。经常做这样的训练，就能极大地提高自己的思维能力，就能有独立见解，就能提高对事物的敏感度，从平凡中发现不平凡。如果是搞研究的，就能创立独树一帜的学说；搞管理的，也会创立独特的管理方法和理论。梦的分析就是一个提炼、提高思维能力的极好的思维实验室。我之所以啰唆地将我的思维过程和方法写出来，是想通过在这个特殊的思维实验室中的纵横捭阖，对读者提高思维能力有所帮助。

8　角色替换梦

> **梦例17——梦见孙中山　　20141206号　周六（三，66）**

梦的记录如下：我住在一个宾馆里，听说孙中山要来这个宾馆住。我在厅里见到有男青年将厅大门推开，几个人簇拥着孙中山进来了。他个子矮矮的，略胖，头大大的，身穿黑色西装。他要上厕所，过一会儿，他在厕所里叫，要卫生纸。我递给他一卷。又过一会儿，他出来了，拿了一堆衣服要洗。我打电话找服务台，找洗衣机，我也有几件衣服要洗。

梦到孙中山真是非常奇怪。我记得孙中山大约1925年就逝世了。我只看过他的头像照片，也没在历史纪录片里见过他的真人活动。连在电视里都没见过的已逝去的人，怎么会出现在梦中呢？而且梦中他的形象很真切！再奇怪的梦，运用我的梦剧理论也能彻底地解开。现在让我们来观摩和欣赏梦导是怎样构思和创作此梦剧的。

【观摩"梦见孙中山"之梦的创作】

第一步，梦导接收并确认梦点信号。

此梦的梦点来源是台湾地区某年一次选举中，国民党败选。因为我一贯关注台湾地区政坛的动态，此次选举就成为梦点了。

第二步，梦导根据梦点信号，搜索与梦点相关的心情。梦导接收并确认了梦点信号后，就到记忆库里搜索与梦点相关的心情。这次选举，国民党败选，睡眠中"国民党"就成为兴奋点。继续搜索与国民党相关的信息，又将国民党的创始人孙中山的情况搜到了。为此，梦导又将我对孙中山的情感搜出来了。我认为孙中山是革命的先行者，他领导的辛亥革命结束了中国两千多年的封建帝制，我非常崇敬他。这就是梦导搜索到的我的情感。

第三步，梦导根据梦点及与梦点相关的心情，确定梦剧的主题。

根据梦点，梦中我的心情是我对国民党创始人孙中山崇敬的情感，因此主题就是反映"我"的这种情感。

第四步，梦导根据梦剧主题，来构思框架情节。

这个梦剧的构思思路是沿着梦点续演的，不过在梦点的线索下，根据心情做了延伸，将它延伸为我对孙中山的情感表达。这种构思思路称为**梦点延伸思路**。构思这个梦剧的框架情节可不容易。构思一个"我"对孙中山崇敬的故事，可能并不很难。但是，梦导在我的记忆库里只能搜寻到他的头像照片的图像，而搜寻不到他的整体形象及活动的形象。梦剧是以画面为主要手段来表演的，主要人物（角色）没有形象是无法表演的。为此，梦导被迫要用国民党其他领导人的形象来代替孙中山的形象。这种艺术手法可称为**张冠李戴法**。梦导总要选择一个给我有好感并有鲜明印象的台湾国民党领导人的形象来代替我崇敬的孙中山形象。早些年给我有好感的台湾地区国民党领导人是 L 和 W，W 是 5 年前首访大陆的，可能给我的印象深一些吧，梦导选择了 W。有了孙中山的形象就可以开始构思故事情节了。梦导构思了"我"见到"孙中山"并热情给他服务的框架情节。具体故事见"梦的记录"。

第五步，梦导根据梦剧主题，设计剧中的主要角色。孙中山是当然的主要人物，还有根据参与规则确定的"我"也是主要人物之一。根据剧情需要，梦导还安排了一些次要人物。

第六步，梦剧情节、背景、道具的设计及演出。

故事的背景是宾馆。梦导要表演"我"与孙中山互动，安排在哪里见面呢？设计两党领导人会谈场面，然后安排"我"是服务员给孙中山服务？这显然不合适，因为孙中山活动的年代是 20 世纪 20 年代，其具体活动场面我毫无印象。当然还有其他场面可供选择。梦导设计在宾馆偶遇并互动，是绝妙的构思。在宾馆偶遇孙中山，谁都有这样的机会，更妙的是，这消除了身份差别。

"我在厅里见到有男青年将厅大门推开，有几个人簇拥着孙中山进来了。"这是重要领导进宾馆常见的画面。那个将门推开的男青年是梦导临时安排的次要人物，应该是宾馆服务员；簇拥孙中山的那几个人，是梦导安排的无形象人物，应是孙中山的随行人员。孙中山的形象与 W 的形象很相像。我对 W 相貌印象较深，因为他来大陆访问，电视中频繁出现过他的形貌和活动。梦剧画面上显现的虽然是 W 的形象，但"我"心中认定那人就是孙中山，而不是 W。梦导使用了张冠李戴艺术手法，而这一手法是建立在"**身貌可分离原理**"基础之上的。在梦剧活动中，角色的身份与其本来的相貌是可以分离的，这就叫身貌可分离原理。在以后的章节中，还会介绍这一原理在生理上的原因。

梦剧接下来的情节是"我"给孙中山服务的情节。"我"的心情是通过这些互动环节来表达的。孙中山先生是我非常崇敬的人，"我"为他服务完全出自内心的情感。他上厕所要卫生纸、拿出换下的衣服要洗，都是梦导故意设计的情节（戏料），给"我"为孙先生服务提供机会，通过这样的服务活动来体现"我"对孙中山先生的崇敬情感。服务内容看上去非常平凡，但梦导就是通过这样极平凡的生活细节来展现梦剧主题的。如果"我"只是坐在厅里看着他在活动，没有给他服务，怎么来体现"我"对他的情感呢？"事小寓意大"，是梦导经常用来体现梦剧主题的艺术途径。前面我们说过，"意在戏外"，又讲过"点到即止"，这些艺术特征在本梦剧中都有明显的展现。

"我也有几件衣服要洗"，这个情节要表达什么意思？是表示"我"为他服务不是刻意的，而是顺便、顺手之为。前面递卫生纸也是顺手之为。如果"我"为孙先生服务表现为刻意奉承的样子，在他人看来，好像"我"有什么不可告人的目的而故意奉承。阿谀奉承，与我一生的为人规则格格不入。所以，梦剧中最后一句话的含义是极其重要的。

【梦剧创作理论探索】

此梦剧是根据**梦点延伸思路**来创作的。从梦点延伸到我对孙中山的情感，但我的记忆库里没有孙中山形貌的资料，所以梦导被迫采取**张冠李戴**的艺术手法，用其他人的形貌来替代孙中山的形貌。这又是根据思路来确定要采用的艺术手法。张冠李戴是角色替换手法之一，"帅气之梦""挨打之梦"中，都有角色替换。梦剧中**角色替换**是经常被使用的艺术手法。角色替换的手法来源于**身貌可分离原理**。

【深度思考】

现在介绍重要的身貌可分离原理，因为这条原理可以解释梦中的很多现象。

梦中的人物张冠李戴、角色替换是频繁发生的，有时候连男女角色都会搞错。这是为什么呢？原因在于，一个人物，在记忆库里被分解为好几个元素，而每个元素又不是存放在同一个脑区。回忆一个人，要从好几个脑区搜索不同的元素，最后才综合为一个特定的人。人物的记忆被分解为以下几种元素：（1）相貌；（2）性别；（3）年龄；（4）声音姓名和文字姓名；（5）角色和身份；（6）性格、特质；（7）与自己的情感关系；（8）其他（民族、籍贯、住址等）。见到一个陌生人，我们就记住了他（她）的前三项元素，我们还极力想知道他的姓名（声音姓名和文字姓名）。想知道姓名是为了在社会关系中便于表达。在八大元素中，角色、身份占据人物记忆的中心位置。我们的身份证上有（1）（2）（3）（4）（8）项，其中第（8）项，身份证上记载的是民族、地址等。显然，这是社会最需要的人物的五项元素。这几项元素，记忆库都记载了。角色是指人际关系中的角色，如亲人、亲戚、朋友、同学、老师、同事、辈分、宗亲等。身份是指社会等级上的身份，如国家领导、省长、县长、局长、经理、科长、厂长、班长、组长等。与自己的情感关系是指，情感关系好还是不好，是亲密还是对头、仇人等。关于对人物性格和特质的记忆信息也是极为重要的，因为人的性格和特质对人的行为的影响非常大。其实，人的相貌、性别、年龄、民族等，与人的行为关系远没有性格特质的作用大。八大元素被分别记忆在脑中的不同位置，例如，相貌及年龄记忆在图像区，姓名的声音记忆在听觉区，姓名的文字记忆在符号区，籍贯记忆在地理区，等等。当梦导向记忆库发出检索指令时，记忆库在梦态下，往往不能将八大元素准确无误地综合检索出来，错检是很容易发生的。这就是梦中张冠李戴的原因之一，例如，梦中"我"认定的人物角色与梦中出现的该人物的本来相貌不一致。将构成人物的八大元素在梦中发生错位的现象称为人物身貌可分离现象。即使在清醒状态下，我们也常常不能将八项元素快速准确地综合起来。我们对几十年前的人物进行回忆时，脑中只有那个人物的相貌、性格、风度等几个元素，但他的名字就是想不起来。另外，张冠李戴也不是随便的，是同级、同类的人才发生替换的，孙中山与W同是国民党党首，这就叫**同级同类角色替换**。

身份对梦中人物是关键标志。身份始终不变，而形貌、名字、性别等，都可能被替换、被篡改。这是解梦的十分重要的原理。如果你不知道这一原理，就会被梦境弄得一头雾水。我将这一原理称为**身貌可分离原理**。这是梦中常见现象，务必引起注意。

9　身份置换梦

梦例18——被吓醒之梦　　20070802号（二，63）

梦的记录如下：**好像讲到不吉利的事，我走到一个山麓，那里有个大茅坑，我去解大便。忽然听见很远处有些人在说话，我被他们当成不吉利的人了。我隐约地听到，似乎要把我打死，再看看有什么细菌要清理掉。几个人拿着棍子一样的东西向我走来。我正在大便，走不掉，此时我被吓醒了。**

这又是一个奇怪之梦。我怎么成了不吉利的人了？我很少做被吓醒的梦，这个梦把我吓醒了。现在让我和读者一起来看看梦导为什么会构思如此奇怪之梦。

【观摩"被吓醒之梦"的创作】

第一步，梦导接收并确认梦点信号。

那时，我每天早晨要大便，在醒来前有大便的刺激是正常的。这是梦点一。应该还有一个梦点，与"不吉利"有关。这个梦点来自电视节目。前天（7月31日）湖南卫视"真情栏目"讲了这样一个故事：大儿子喝酒后开车，他妻子劝他不要开车，他不听，自己硬要开车，结果出车祸死了，他妻子也受重伤。这本来是大儿子自己的固执而自取灭亡，婆婆却偏偏将责任归于儿媳，认为儿媳是丧门星所致，因而坚决反对二儿子与寡嫂结婚。婆婆的愚昧致使儿媳深受误解和委屈，节目中我没有看到二儿子与大儿媳是否结婚了。这使我印象深刻。

第二步，梦导根据梦点，搜索与梦点相关的心情。

梦导接到电视节目中儿媳被冤屈的信号后，到我的记忆库搜寻与此梦点相关的心情。我看节目的当时，对这位儿媳莫名其妙地被冤枉，深抱同情之感。同情她今后的爱情之路可能很难走。

第三步，梦导根据梦点及与梦点相关的心情，确定梦剧主题。

我的心情是同情这位被冤屈的妇女，那么梦剧主题也应该是反映我的这个心情。

第四步，梦导构思梦剧框架情节以表现主题。

怎样表现同情这位被冤屈的妇女？梦导分析认为，她是被婆婆当作丧门星而遭受冤屈的。怎样表现丧门星？迷信之类的说法，不信鬼神的人没法将它表现出来。于是梦导根据艺术题材缩放原理认为，丧门星与不吉利之意是类似的，而不吉利与不可接触的意义关联度很高，那么塑造不可接触的人物就行了，而塑造不吉利的形象并不难。那么，梦导要塑造一位不可接触的妇女形象来让"我"同情？这个思路也未尝不可。梦导认为，这样构思的效果也许有隔靴搔痒之嫌。于是，梦导干脆让"我"直接扮演不吉利之人的角色，来体验被冤屈的心情，这样"我"体验才更深切。于是梦导将"我"塑造为不可接触的不吉利角色了。这种构思思路叫**身份置换思路**。根据这种思路，梦导采用了代人受过手法，将"我"置换成不吉利的角色了。

塑造一个什么样的不可接触的人？梦导到我的记忆库里搜寻，哪些人被我认为是不可接触的人。我的知识和经验认为，得了烈性传染病的人是最不可接触的人，当然，对口专业的医生又另当别论。我的经验中有相关的记忆吗？梦导将我小时候的道听途说搜出来了。我隐约地记得小时候听大人们说过，不知道在什么年代，在我们村的南方不太远的村子曾经发生过霍乱，死了很多人，死人都没人抬了，恐怖至极。按照过去我听说的传闻，在旧社会得了这样病的人，是要被处死的，而且要用火烧来灭菌。梦导就根据这个传说，将"我"塑造为得了霍乱的人了，所以人们要将"我"打死。

第五步，梦导根据梦剧框架情节，设立主要人物。

无论从参与规则还是从梦剧框架情节出发，"我"是理所当然的主要人物。还有设立打"我"的人，他们是次要人物。

第六步，梦剧的情节、背景、道具的设计及演出。

背景是山脚下，"我"在农村的那种圆形的茅坑里大便。这是梦导根据梦点一而设计的情节。我们家乡的茅坑都在离房屋大约10米~30米远的外边。梦导选择在山脚下的村庄，是有讲究的。山脚下的村屋一般沿山脚线排列，而不是山脚下的那种田野村庄，房屋排列比较密。梦导根据剧情需要，选择山脚下的村庄作为背景。这样，有人从远处来，"我"能看见，他们的讲话"我"也能隐约地听到。如果选择田野村庄，就不好安排有人从远处来被"我"看见的场面。

梦剧一开始就是"好像讲到不吉利的事"，这是画外音在议论的。说明村里发生了大事，而"我"还不知道发生了什么样的事。从后来的情节看，就是发生了霍乱，人们要找霍乱病人，将他处死。霍乱是上吐下泻，"我"在拉大便，正是霍乱嫌疑者。所以"我"被人们当成不吉利的人了，人们还要将"我"打死，还要火烧灭菌。梦导采用了我道听途说的方法去对待烈性传染病人，而不是按照当代的措施来对待这种病。如果按照当代的方法，得了烈性传染病就需要隔离。这不便于表演"我"被冤屈的心情，更不会被吓到。

别人要将"我"打死，那就意味着得了烈性传染病等于判了死刑了，这似乎不能与那婆婆的用意相当，那婆婆并没有想要儿媳死呀。我们可以仔细分析一下儿媳往后的处境：如果二儿子能顶住妈妈的压力与寡嫂结婚，那是最好的结果；如果二儿子顶不住妈妈的压力，这位寡嫂今后的爱情之路可能会非常难走。别的男人还会娶她吗？只有不信邪的男人才有可能向她求婚，那位男人也要顶住其父母的压力，能不能顶得住很难说。信邪的男人绝不会向她求婚的。"好事不出门，坏事传千里。"还有讹上加讹，这位寡嫂不知会被描绘成什么样子。我多么希望二儿子能顶住他妈妈的压力，否则，我很为这位被冤屈的女人担心。梦导用另一种方式让我体会这位被我同情的女人的处境多么危险。她的生命是没有危险的，但她的爱情可能十分危险。

霍乱与拉大便关系紧密。梦导接到要大便的梦点信号后，与前天我看湖南卫视节目时的心情相结合，而创作了这出梦剧。梦导将这样一个最普通的大便刺激信号制作出如此吓人的梦剧，其匠心运作真是匪夷所思。

梦到这样的代人受过类的身份置换梦，有很多人会感到不安，甚至恐惧。"别人为什么要打死我呀？我有什么不吉利呀？我可能得了什么危险的病吗？我处于危险中吗？"角色替换梦几乎每个人都做过的，替换的种类也很多。不懂梦理论的人，不知道梦中自己顶替了别人演出的秘密，被梦弄得晕头转向，有的人恐慌，有的人怀疑，有的人盲目乐观，可能还有人等待天上掉馅饼呢。这个梦是代人受过，帅气之梦又是代人受赞，都是角色替换。有时是自己替别人演出，有时又是别人代自己演出，我们要知道这些梦的秘密，就不会被梦弄糊涂了。

我们再次见到，梦导将风马牛不相及的真实事件与梦剧事件构成了映射关系来表现梦剧的主题。读者若没有观摩到梦导的创作过程，就绝对不知道此梦究竟有什么寓意。

【梦剧创作理论探索】

这出梦剧"我"是代人受过了，"我"被吓醒了。代人受过与角色替换是不同的。角色替换梦中，被替换角色的身份始终没变，只是相貌变了；代人受过梦中，"我"的身份变了。此梦例中，"我"的身份不是梦者，而是那个被冤屈的女人。**角色替换艺术手法**是建立在**身貌可分离原理**之上的，而**代人受过艺术手法**不是建立在身貌可分离原理之上的。身份被置换，这是极其惊人的事件。这与"总统替身"正儿八经地向国民发表现场演说或电视演说一样，国民还被蒙在鼓里。据说名演员、武打演员有时也用替身。由此，代人受过艺术手法是建立在身份置换原理之上的。可见，身份置换原理，也可称为替身原理。这与当代才出现的行为艺术有类似之处。亲爱的读者们，今后如果你也做了身份置换梦，就再不会被梦境迷惑了，若是噩梦，醒后就不用害怕了，若是美梦，一笑了之即可。

【体会】

中国历史上有一个被历代传颂的最著名梦例，就是"庄周梦蝶"。这是一个典型的身份置换梦。庄子是中国历史上最重要的自由主义创始人，他极力主张逍遥自在的人生哲学。他平时可能就很欣赏蝴蝶们在花丛中翩翩起舞、追逐嬉戏的生活，羡慕和欣赏蝴蝶们的自在和快乐。某日睡眠中，蝶舞进入梦中而成为梦点。蝶舞梦点启动梦剧后，梦导到庄子的记忆库里搜索与蝶舞有关的心情，将他平时羡慕和欣赏蝴蝶的心情搜到了。怎样表现梦者的心情？观看蝴蝶们翻飞起舞？梦导认为，这似乎还不能充分地表达心情。于是梦导决定采用身份置换手法，将庄子变成蝴蝶在花丛中起舞闻香，追逐嬉闹，体验那蝴蝶们的自在和逍遥。庄周化身的蝴蝶亲身体验到了蝴蝶们的逍遥和自在。蝴蝶不知道自己是庄周化身而来的。当庄子刚刚醒来时，他还浸沉在梦境的快乐之中，还以为自己是蝴蝶。稍微过一会儿他更清醒一点了，他忽然自问，自己究竟是蝴蝶还是庄周呀？究竟是蝴蝶梦见了庄周呢，还是庄周梦见了蝴蝶呢？他一时分不清了。

梦例 19——挨打之梦　　20150707 号　周二（三，71）

梦的记录如下：Y（我每天要接送读书的孩子）只犯了一点小错，我大哥就打他，别人也不好制止。我没看清是怎么打的，因为 Y 躲到桌子（或床）底下了。我很看不过去，心疼 Y。我示意我爱人去制止，因为她是岳母。

这又是奇中之奇、怪中之怪的梦。Y 是我每天接送读书的孩子，打 Y 的不是 Y 的爸爸，竟然是我的大哥。在 Y 出生之前很多年我大哥就去世了，他也从未到过广东。后来"我示意我爱人去制止，因为她是岳母"，打人者怎么又是"我"女婿了？真是乱七八糟。真的是乱七八糟吗？现在让我们来观摩梦导是怎么创作这奇怪之梦剧的。

【观摩"挨打之梦"的创作】

第一步，梦导接收并确认梦点信号。

前天我和爱人从 SS 回来，Y 放假回老家了，只有我们两人在家。讲到小孩时，我说，他爸爸骂他很凶时，我会心疼 Y，又不好当面制止。就是这个议论，就成为梦点了。

第二步，梦导根据梦点，搜寻与梦点相关的心情。

我的心情很明显：心疼 Y 被骂、被打。

第三步，梦导根据梦点及与梦点相关的心情，确定梦剧的主题。

主题就是心情的反映：心疼 Y 被打。

第四步，梦导构思框架情节，以表达剧目主题。

这个简单的梦剧，梦导的思路是写实。构思 Y 被打的情节很简单，如"梦的记录"所示。但这个梦剧的写实思路不是简单的写实，而是今昔结合的写实。

第五步，梦导根据梦剧框架情节，设立主要人物。

Y 无疑是最主要的剧中人物，还有打他的人以及"我"。梦导还设立了其他次要人物。

第六步，梦剧的情节、背景、道具的设计及演出。

"Y只犯了一点小错，我大哥就打他，别人也不好制止。"打Y的人为什么是"我"大哥呢？我大哥的出现，被打的分明是我。梦导接到Y被打的梦点信号后，到我的记忆库里搜寻Y被打时我的有关心情。但是，梦导在根据"被打"线索搜寻时，却将我童年时被我大哥打的经历搜到了。梦后我想起我小时候的一次深刻的记忆：大哥追着我打，我在田里死命地跑，他追不上才罢休。肯定我犯了什么不可饶恕的错误，但我已记不得犯了什么大错了，而被追打的记忆却深深地印入脑海中。在我的记忆中，童年的我被打只有这一次。根据这个"被打"的梦点搜起了我遥远的童年记忆，梦导将Y代替我被打了。

Y犯了什么错，梦剧中并没有交代，剧中只是虚指他"犯了一点小错"，这是梦导根据最简设计规则使用了**虚指**的梦幻艺术手法。如果要把具体的错误演出来，又要构思一段剧情来表演，而这段表演与表达"我"的心情没有太大的关系，构思Y被打才是主要情节。但这个虚指也是不可缺少的，少了它，Y被打就没有依据了，是打人者无理由的乱打了。没有理由地乱打，别人就有理由制止。所以，虚指的情节是梦剧创作中非常必要的环节，梦剧中没有任何多余的元素。因为Y犯了小错而被打，"别人也不好制止"。一个家长教训孩子时，另外的家长不要当面制止，这是大多数家庭通常的做法。如果一个家长教训孩子，另一个家长总是去制止，这孩子就有恃无恐了，就会变得无法管教了。但是，有些家长不掌握分寸，教训得过了头时，那还是要提醒的，要给那位家长有台阶下，停止过激行为。因为我被我大哥追打时，他紧追不放，他是追不上才罢休的。在这个梦剧中，"Y躲到桌子（或床）的底下了"，打人者还不放过，这就过头了，就需要制止了。"我"心疼得很，需要制止打人者了。如果打人者还是"我"的大哥，弟弟怎么好制止哥哥的行为呢？此时，梦导将打人者的身份变回到Y的爸爸。在必要时，岳母提醒女婿不要继续过激行为，也是符合日常生活中的经验的。

【梦剧创作理论探索】

看似非常奇怪的梦，用我的梦剧理论并不很难地就解开了。此剧与"帅气之梦"今昔结合的思路是一致的，两者都是今昔结合类梦剧。纯粹由回忆的事件构成的梦剧可能极少，通常都是今昔结合的梦剧。

这个梦剧使用了**身份置换原理**和**角色变换原理**，而且打人者和被打者的角色都连续变换两次。被打者，第一次是由 Y 变为"我"，第二次又从"我"变回 Y。打人者，第一次是"我"大哥，第二次，由"我"大哥变为 Y 的爸爸。第一次是 Y 代替"我"被打，因为打人者是我的哥哥。第二次是，由"我"变回 Y。当"我"示意我爱人去制止时，被打者的身份又变回到 Y 了。注意，这里角色的身份连续置换了两次。

【体会】

这个梦剧的奇幻是角色多次变换，是 Y 替"我"挨打，是回忆与现实交杂在一起的梦剧，所以使观众感到乱。明白了梦剧角色变换原理，乱的认识就消除了。

10　掩盖真相梦

梦例 20——颠倒真相之梦　　20100523 号　　周日（二，113）

梦的记录如下：我似乎在家乡的金桥一带，见到了 H 一家，他父亲也在帮助他。他们正在围围墙，将一栋四方形的住宅围起来。那里的地势很平坦。H 原来住我们村，现在似乎移民到金桥这里了，看样子是发财了。

好像发生了一场混乱，我见大家都在找躲避的地方。忽然，我见 S 高举着一叠钱，高声叫唤："哪位丢了一千块钱？"啊？他捡到一千块钱了？当时我想，S 那么自私的人都拾金不昧了，我还自私呢。后来警察来维持秩序，S 又拿出不少录像照片给警察，H 也提供了照片，但没有 S 提供的照片清晰。S 说："我让小孩从小就玩照相、录像。"

这个梦太不可思议了。现实中，H 并没有发财，极端自私的 S 也没有思想进步。梦导为什么要颠倒事实真相呢？我很长时间都不得其解。当我终于想通了梦导颠倒事实真相的用意后，不得不惊叹梦导的匪夷所思之奇能。

【观摩"颠倒真相之梦"的创作】

第一步，梦导接收并确认梦点信号。

因为昨天有件事涉及 S，就随便地想到过他的为人。另外，在回忆回乡省亲的情况时，我打听过 H 的境况。H 年轻时是最敢闯的人，但终究没闯成功。

第二步，梦导根据梦点搜索与梦点相关的心情。

围绕 S 和 H，我回忆了很久，都没有找到与他们相关的心情。反复回忆都找不到相关心情的情况，我好像还是第一次碰到。走投无路之际我想，找不到相关心情的关键，还是没有将梦导故意颠倒事实真相的用意弄明白。梦导故意颠倒事实真相必定是有用意的。梦导这样做反映我的什么心情呢？梦中，贫困的 H 发财了，买地建房了，他终于成功了；极端自私的 S 提高了觉悟，能拾金不昧了，那时候一千元也不是小数字，而且他还能为警察维持社会秩序提供图片资料，思想进步多么巨大呀！他们一个是经济上发达了，一个是思想上极大进步了。猛然间我问自己："你呢？你奋斗二十多年了，至今一文不名，你还能安之若素，无动于衷吗？"哦，原来梦导是在催促我，鞭策我！当我明白过来后才发现，原来梦导用颠倒事实真相的梦剧表演是在催促我赶紧努力呵！此种手法真是令人叫绝，极难让人看破奥秘。这与现实中的激将法几乎是相同的，故意用反话来刺激你。梦幻艺术手法之奇妙，我们难以想象。

从以上分析应知道还有第三个梦点，即我焦虑的心情在睡眠中跳思出来了。跳思梦点，一般都极难回忆出来。其实这个跳思梦点才是主要梦点，是梦点队列里的第一个梦点，H、S 的梦点应是第二、三个梦点。当我知道了跳思梦点是主要梦点后，对此剧的构思和设计就比较清楚了。

第三步，梦导根据梦点及与梦点相关的心情确定梦剧的主题。

既然跳思梦点是主要梦点，此梦点是我的焦虑心情，那么，梦剧主题就是反映我的焦虑心情。

第四步，梦导根据梦剧主题，来构思梦剧框架情节。

怎样反映我的焦虑心情？在反映我的焦虑心情时还要将第二、三个梦点 S 和 H 也编入剧中，看来构思思路只能是**梦点糅合**。但怎样糅合来反映焦虑心情？难度很大。在戏剧或电影中怎样表演焦虑？既可以用面部表情表演，也可以用面部表情与不断走动的画面来表达。但这些表演必须有前面的情节作为铺垫观众才能知道演员在表演焦虑。这些表演方法在梦剧中一般都很难应用。我还没有发现梦剧中用面部表情来表演的。梦剧中人物的形貌都不是很清晰的，即使是主要人物在主要情节中，其面部的显示也是很模糊的。所以，用面部表情来表演焦虑的方法不会被梦导采用。根据适于表演的规则，梦导被迫地、巧妙地使用了激将法手法来表演。梦导没有构建 S、H 成功的过程，而是构思了他们成功后的情况。梦导构思了 H 买地建房以展示他经济上成功的情节，构思了 S 拾金不昧、协助警察维持社会秩序以展示他思想进步的情节。通过构建 S、H 的成功的表演，来刺激、鞭策"我"。

第五步，梦导根据框架情节，设立梦剧主要人物。

S、H 当然是主要人物，还有"我"也必定是主要人物之一。"我"是主要人物有两个原因：一是根据参与规则，"我"必定是梦剧中的主要人物；二是根据梦剧主题，"我"是被教育的对象，当然也是梦剧的主要人物。另外梦导还设立了 H 的父亲以及混乱场面上的一些次要人物。

第六步，梦剧的情节、背景、道具的设计及演出。

梦导构思了两个人的故事，场景自然有所不同。H 虽然文化程度不高，但在我印象中他是敢于闯的人。敢闯，就有成功的可能。所以，梦导构思他经济上成功也是有"根据"的，根据的就是我对 H 的旧时印象。但他买地建房不是在我们村，而是在金桥。这是为什么呢？我们村离城较近，地价较贵。经济实力不很强的人，恐怕买不起；金桥离城较远，地价便宜很多，很合适 H 那样小有成绩的人购买。梦中"我"见到了 H 的父亲在帮忙。他父亲早就去世了，竟出现在梦中了，因为他父亲给我的印象极深。

第二个故事的背景是街道上。怎样证明 S 思想进步很大呢？梦导构思了两件事：一是他拾金不昧；二是协助警察维持治安。S 原来是极端自私的，混乱中又没人看见他捡了钱，而他能自觉寻找失主，说明他拾金不昧是出于真心的，觉悟确实有了很大的提高。后来他又给警察提供照片，为警察捉拿领头闹事者提供帮助。原来他是开口就骂政府的人，现在能协助政府了，180 度大转变，判若两人了。他的觉悟大大提高是有目共睹的。"我"亲眼所见，对"我"的触动的确很大，当时"我"就为自己的自私而感到羞愧。

"好像发生了一场混乱，我见大家都在找躲避的地方。"这是梦导构思的第二个故事的场景。设计这个场景是很巧妙、合理的，因为 S 所做的两件事在这种场景中发生是很自然的。混乱中人们丢钱是很可能发生的事，混乱中没人看见 S 捡钱也是常见的现象，混乱场面下总有带头闹事的。可见梦导设计场景多么精心而考虑周全。

梦剧的最后情节是，S 说："我让小孩从小就玩照相、录像。"这又是梦导留下的潜台词。梦剧中 S 虽然没有说明这样做的用意，但梦导似乎在提示观众，S 让他的孩子从小学习照相、录像的目的，是在教育孩子从小就要协助警察，为警察提供照片、录像。这个潜台词是提示观众要继续思考，从 S 身上继续受到教育和启发。梦剧中 S 表演了两件事是明的表演，最后的情节是 S 做的第三件觉悟高的事，是暗的表演。这是梦导用**明暗结合**或称**虚实结合**的手法而设计的情节。最后那句话并不直接表明 S 的觉悟，而是要观众在看过梦剧演出后，经过思考才能明白，这也是 S 觉悟高的表现。

两个故事的典型情节都是"**点到即止**"，其主题含义也都是"**意在戏外**"。梦剧主题被所用的艺术手法掩饰得几乎看不出来。能够观摩到用**激将法**艺术手法的梦剧创作，真是件可遇而不可求的幸事。

【梦剧创作理论探索】

梦导使用激将法艺术手法创作梦剧，将梦者变为被教育的对象，完全出乎人的意料。我对别人使用过激将法吗？我记不清了，使用过的可能性比较大。别人对我使用过激将法吗？也记不清了，好像有也好像没有，没有的可能性较大。梦导使用激将法手法是否出自我的亲身经验，这不能做肯定的判断。但我肯定是知道中国历史上或小说中使用激将法的故事的。

梦导在梦剧最后情节中留下一句话，作为潜台词让观众继续思考其用意。留下潜台词也是一种艺术手法，我称其为**虚表艺术手法**。留下潜台词的情节就是虚表的情节。相对于虚表情节，梦剧舞台上已经将含义表演出来的情节就是实表情节。所以，此剧既有实表情节也有虚表情节，梦导使用了**虚实结合**的艺术手法。

【深度思考】

不知读者发现没有，前面我们都是根据心情来确定梦剧的主题并由主题来构筑梦剧情节，而这次却是根据梦境来找心情，解梦的方向是反的，原来心情规则还可以反向使用。未成功而焦虑是我较长时间的心情，而不是昨天、近期某件事引起的心情，此种心情在清醒时很容易知道，但梦中却很难被发现。你很难确定某个梦点与此种心情有什么关系。这又提示我们，如果某种心思较长时间放在心里，当梦来反映这种心思时，就很难发现这种心情。不过只要能换几个方向思索，梦反映的这种心情还是能找到的。这个梦被我解开，花了很多脑筋，解开后真是开心。有两个发现使我开心：一是首次发现了**反向解梦法**，即从梦境中找心情。正向解梦法是根据心情设计梦境的；二是发现了梦导使用**颠倒真相**的手法与现实中正话反说、激将法的手法是相同的秘密，我茅塞顿开，大长见识，我的思维能力又得到一次难得的锻炼。

梦例 21——两套逻辑之梦　　20050122 号（一，111+）

梦的记录如下：有个小青年走过来了，我们这里有个青年呼吁大家去惩罚那小青年，他们与那小青年争论。我想大家大概不会打他吧，因为他父亲很有势力。他爸爸我也很熟悉。说着说着，LD 一把就把他从坡上拖下来了，看样子是想打他。我想，我还是回避为好，于是我悄悄地离开了，我从大神庙的南边走了。再返回到大神庙往西边下去时，却正好碰到那小青年从事发地点往大神庙上来，我们迎面碰到了。

这个梦从梦剧故事看，倒没有什么奇怪的，但奇怪的是，情节发展总是与"我"的估计相反。现在看看，梦导是怎样创作这个梦剧的，梦导为什么总与"我"想的相反。

为了避免可能引起不必要的误会或麻烦，请读者允许我省略此梦的梦点、心情等内容介绍。现在分析该梦的两套逻辑：一是梦中"我"的逻辑；二是梦导的逻辑。"我"的逻辑是："我"估计大家不会打那小青年。当见到可能要打时，"我"赶紧回避打人场面，从大神庙南边走了。"我"为什么要回避？因为"我"估计自己制止不了那么多人的行为。如果"我"在现场，制止不力，他父亲肯定要责怪"我"的，甚至会将气撒到"我"身上，所以"我"要回避。这一套逻辑完全符合现实生活中的我采取的策略，是现实的我的重现。梦导的逻辑却不是这样。它偏偏要 LD 去打那小青年，出乎"我"的预料。LD 就不怕他爸爸？我想回避，却偏偏又碰到那小青年，也违背了

"我"的愿望。梦导为什么会违背"我"的预测和欲望呢？梦导不也是我的脑袋在想吗？为什么梦导既不预先告知它的想法，又不做出符合我的愿望的剧情呢？仔细想来，其实梦导的安排才真正符合我的本意。因为，那个小青年倚仗父亲的权势而横行，我内心想那小青年应该得到惩罚和教育。这就是梦导安排 LD 去打的原因。为什么后来又偏偏碰到那小青年呢？这是"我"不在现场的证明，也符合我的本意。

现实生活中我们有时会说违心话、做违心事，那是迫于现实而自保或保护他人的需要。本意只能藏在内心。所以现实中人们也有两套逻辑：一是迫于现实的逻辑，将这个逻辑称为**循实逻辑**；二是内心的**本意逻辑**。梦剧再现了现实生活中的两套逻辑。梦中的"我"遵循循实逻辑，而梦导却表达你的本意逻辑。妙哉！梦！

11 儿童梦

梦例 22——大战僵尸 20150929 号

梦的记录如下：我和我的团队来到一个城堡前，出来一个僵尸，个头跟我差不多高，它戴的头盔是净化器，手里拿着"小米加步枪"。我拿的武器是吹风筒。在它准备向我开枪的时候，我拿武器向它吹风，它夺过我的武器甩得很远。在它甩的时候，我用右脚，一脚向它踢去，它被踢倒了。我拿起它的枪，把它打死了。它流了很多血，它的血是绿色的。血凝固了，就变成钻石和金币了。我捡起了钻石和金币，又向城堡走去。我看见它们的大王了，它的头盔也是净化器，金黄色很亮，因为是金子做的。我拿了一颗定时炸弹，揭开盖子，按好时间，用力一甩，甩过去了，砰的一声响，它们都被炸死了。它们流了很多血，绿色的血凝固了，都变成钻石和金币了，有很多很多的钻石和金币，我将很多小的钻石化成大的钻石。我们占领了城堡。我在我的房间里放了很多钻石。

这是刚上小学三年级的学生做的梦。显然，这是看"植物大僵尸"卡通片的梦点引发的，他的愿望是得到很多钻石和金币。钻石和金币从哪里来？梦导奇思妙想，将梦点植物僵尸与得到钻石、金币的欲望联系起来，由僵尸的血凝固而变成钻石和金币。僵尸的血为什么是绿色的呢？梦者看的是"植物大僵尸"卡通，对于三年级的学生来说，植物流的血应该是绿色的，而不可能像人的血是红色的。梦者想得到很多钻石和金币，就必须打死很多僵尸，经过战斗，他的愿望实现了。看来，儿童的梦比较简单，不会解梦的大人也能解出。

【深度思考】

反思儿童梦简单的原因，会进一步加深我们认清梦剧创作的原理。儿童梦之所以简单，是因为儿童的思台信息加工能力，即思维能力极其低下，儿童无论知识经验或实践经验又都极其贫乏和简陋，所以只能做简单的梦。这个儿童将"小米加步枪"当作一种枪的名称了，他不知道小米和步枪是两样东西。还有，他将定时炸弹当手榴弹使用了。这两个错误真实地反映了梦者创作梦剧是依据梦者自己的知识和经验的。思维能力低下，生活经验贫乏，艺术创作手法就低下，场景设计就简单、呆板，各种推理逻辑的运用就简单，甚至不会推理，这样编创的梦剧艺术水准就必然低下。这从反面告诉我们，你的梦剧艺术水平反映了你的思维能力在某些方面的运用水平，反映了你的知识经验和实践经验的丰富程度。所以，解析自己的梦，还能窥视自己的思维能力和经验的运用水平。

我们还要想到，不同生活阅历的人会做不同内容的梦；远古人做的梦与今人做的梦必定有很大差别。

二　刺激类梦

我们以梦点来自中枢神经系统内外为尺度，将梦点分为两大类：来自中枢内部的梦点是兴奋类梦点；来自中枢外部的梦点是刺激类梦点。我们又将刺激类梦点分为内激梦点和外激梦点，把来自体内感觉器官或感觉神经发出的信号引起的梦点称为内激梦点，将来自体表感觉器官发出的信号引起的梦点称为外激梦点。感觉器官发出信号总是有原因的。如果仅仅是尿胀、大便胀的信号成为梦点，梦导根据这样的梦点创作了梦剧，那倒不要紧，如果是患病器官发出的信号成为梦点，梦导根据这个梦点创作了梦剧，醒来后梦者千万要引起注意了。要讲清刺激梦创作的原理涉及睡眠中的生理状态，需要知道人的整个神经系统内部神经信号（神经冲动）传递的路线。为此，我提出了人的神经系统功能结构的假说。在分析刺激梦的创作时，请读者参看附录二的"灵动神经系统（LDX）功能结构图"。没有这个结构图，就无法说清为什么梦中总是尿不成、喊不出、跑不动等现象。有了这个功能结构图，梦中的所有这类现象就都有合理的解释了。

梦导根据刺激类梦点创作梦剧时，均使用了一条创作原理，那就是**找理由原理**。梦导接到感觉器官发来的梦点信号后，没有从生理上分析信号的来源，而是虚拟（设立）一个环境——梦境，让刺激信号在这个虚拟环境中释放。如果刺激释放不了（如睡眠中的大小便的刺激），就要寻找释放不了的原因。每分析一个原因，就编创一个梦剧情节，并即时进行表演。如果刺激（如性激素活跃的刺激）能在虚拟环境中释放，则创作一个释放该刺激的故事并即时上演。所以，梦导创作刺激梦与创作兴奋梦的方法是不同的。创作兴奋梦梦剧时，梦导分六个步骤，而创作刺激梦梦剧时通常不需要这六个步骤，因为刺激类梦点引起的心情比较简单。例如，当小便胀的信号成为梦点后，其心情就是找地方排尿，由这个心情确定的梦剧主题也是排尿，框架剧情也是找地方排尿。当然也要设立主要人物，也需要设计背景、道具等，但都可以简化。所以，在分析梦导创作刺激类梦剧时，我将不再分六个步骤了，而是采取简化的方法向读者介绍。

1　内激梦

内激梦是睡眠中由自己身体内部的感觉神经发出的刺激信号传递到中枢神经系统并被中枢确认为梦点后，梦导所创作的梦剧。这些刺激信号，有些成为做梦的起始信号，有些是在做梦途中出现的，就成为梦境转移的信号。内激信号大致分为三类：一是小便胀或大便胀时发出的刺激，这是内激梦的主要来源；二是性激素在睡眠中活跃分泌时发出的刺激。这是少青年、青年、中年人性梦的主要来源；三是疾病部位在睡眠中发出的刺激信号引起的梦，这也有两种情况：其一是疼痛信号；其二是肿大器官或部位占位引发的刺激信号。病梦是唯一有预兆性质的梦。其他类型的梦都不具有预兆性质。所以，刺激梦大致有三类：（大小）便梦、性梦和病梦。

梦例23——晨尿之梦　　　20140913号（三，33）

今天早晨，我爱人讲了一个梦：

一些人要坐车去哪里，你（指我）也在。上车前，我要上厕所。厕所只有两个位，不分男女。一个位间有很多大便，去了第二间。但小便就是解不出来。外边有人在催我，你也催我，催得我没办法就出来了，小便没解成。出来一看，车走了。啊呀，行李包裹还在车上呢，你就讲我。

这是典型的尿梦，与我今晨的尿梦几乎是一致的：

我急着要小便，那是清晨时分，人们都还没起床，我就在一排农舍的角落撒尿了。忽然发现是在人家的门边上了，真不像话。再向前走了一段，又到了另一家门口边，我急忙离开那排农舍，走到村前的场上。

关于尿梦，可能每个人都做过，梦中总是有各种各样的原因尿不成。为什么总尿不成？请看附录二"灵动神经系统（LDX）功能结构图"。在觉醒态下，尿胀信息通过信息通道1进入思台，思台立即通过通道6向使动系统发出组合指令：一是立即去找合适的场所以便于小便；二是找到合适场所后，打开通道11放开尿路括约肌排尿。在觉醒态下，使动系统能顺利地完成任务。但是在梦中，尿胀信息通过信息通道1进入思台，思台也立即通过通道6向使动系统发出组合指令：首先要立即去找合适的场所以便于小便。但是梦者在睡觉，寻找合适场所的指令怎么执行呢？梦导就在脑中的思维屏幕上设计一个场景，让梦者在虚拟场景中找合适的场所。如果梦者在虚拟的场景中找到了合适的场所后，下一步应该是通过通道11打开尿路括约肌开关排尿，但通道11在睡眠中被关闭了，这第二步的指令下达不到控制括约肌的器官。括约肌不打开，尿就排不出。尿未排出的信息，通过信息通道12、13被思台知道。现在思台那里有矛盾的两个信息：一是向使动系统发出了排尿的组合指令；二是收到了尿未排出的信息。此时，思台就要分析原因，给出理由，来解答这个问题：找到了合适的场所，为什么没排尿。例如，梦中找到了厕所，可能因为厕所没有空位而未能尿成，梦导的这一分析过程是即编即演的，分析的过程就用梦的情节马上演出了，于是梦中就出现厕所没有空位的情节。这就找到了未尿成的原因；梦中，男人找到一个拐角处，本来可以小便了，但忽见有个女人从远处走来了，小便不成了。这又找到了未尿成的理由。总之，梦中梦者未能成功排尿，思台一定要给出小便不成的理由，而这些理由、原因都用梦的情节表演出来了。这就是梦导创作刺激梦必须要使用的"找理由原理"。

在上述我爱人的梦中，梦导接到尿胀的梦点信号后，就要创作一个释放尿胀刺激的梦剧。该梦剧的主题显然是找合适的场所小便。这就是梦者急切的心情。梦导设计了一个长途汽车的服务站作为梦剧的背景。站里肯定有厕所，但服务站人流杂乱，其厕所肮脏是常见现象。梦者找到了服务站中的厕所的一个位间，但该位间很脏，未尿成；又到第二间，不脏。本来可以如愿以偿了，但就是解不出来。时间长了，外边的人肯定要催的。"我"见"我们"的车都要开了，"我"当然要催爱人快一点。她被催急了，只好出来了。出来一看，车走了。"我"肯定要批评她的。梦导设计的人物活动过程都很合乎生活中的逻辑，毫无破绽。至于行李在车上的情节，肯定包含了梦者的某种心情。但这不是我做的梦，我不知道她有什么不如意的事。如果是我自己做的梦，我肯定能找到梦导设计这个情节的原因。

我早晨的尿梦，梦导设计了农村的背景，设计的时间是清晨，人们还没有起床。在这样的场所、这样的时间里，男人们就随地小便了。不像我爱人的梦，女人只会在厕所小便，不会在外边小便的。所以，梦导构思场景是有讲究的。最有意思的是，"我"解了两次。第一次解了一点，发现在人家门边；赶紧换个地方，又解了一点，又发现不合适，干脆跑离农舍来到空旷的场上。这两次与我平时小便的情况很相像。在前列腺发病期间我解手，也是解一点，停一下，再解一点，又停一下。有前列腺肿大的老人，小便总是不利索。梦中梦导用设计的情节再现了平时小便的过程。梦导虽然没有交代最后还是未尿成，但"我"来到空旷的场上，没有了遮挡物，也不好随便解手了。所以梦导也留了让观众继续思考的余地。

老年男人小便与男孩、中青年男人小便有所不同。他们大多有前列腺肿大的毛病，在发病期间，他们在觉醒态下，括约肌已经放开了，很久尿都难以排出。长期的这种窘境、经验会存入信息库，梦中也会被思台检索出来。在前列腺肿大发病期间，老年男人梦中可能会"尿出来了一点"，实际并没有尿出来。没有尿成的信息，也会通过通道 12、13 被思台知道，思台也要给出理由：小便的场所很不合适吧，快换个地方吧。女人和中青年男人就不存在这个问题。这就是以上我爱人和我的尿梦差别的原因。

梦剧创作的找理由原理，是解析刺激梦的法宝。睡梦中，如果鼻子堵住了，梦导就要分析原因，给出理由，并将原因用梦的情节表现出来。如果是女孩，可能会做被歹徒捂住嘴巴和鼻子的梦。

小便梦、大便梦因为通道 11 被关闭，最后总是不能释放刺激的。憋到没有办法时，梦导会编一个情节让梦者惊醒。

梦例 24——牙痛梦　　20161125 号（五，24）

有人告诉我，他发明了一种药，可以将痛牙整个封包起来，使其痛不外传。我见这种药是用里面是锡纸，外面是塑料薄膜的纸包装的，长约七八厘米，宽约三四厘米，用时将它撕开将患牙包封起来。我想请他给我试用。也不知为什么，还是没试成，他走了。

我身体较好，不记得我做过病梦。但就在最近做了这一次病梦，十分难得。我记得的病梦只有这一次，这对于我写本书来说，很及时、很难得。

牙痛已经十多天了，我也不当一回事。但眼睛又胀又痛，痛了两天，连在电脑上写作都无法进行了。我很担心得青光眼，必须要去眼科看了。23 日去眼科看，眼科医生经检查说，眼睛没问题。他要我去看口腔科，说很可能是牙髓炎疼痛放射到眼睛部位痛的。我不得不去治牙痛了。24 日我去口腔中心看牙科。我说右上一颗大牙痛，牙科医生经检查说是右下一颗大牙有问题。医生说，可以将牙神经杀死。钻了孔，填了药。医生说，这几天可能会痛，尤其晚上可能更痛一些。当天睡到半夜就将我痛醒了。痛得睡不着，大约一两个小时后又迷迷糊糊地睡着了。在迷糊中就做了上述的梦。

在迷迷糊糊的蒙状态中，梦导接到了牙痛的信号。于是梦导到我的记忆库里搜索有关牙痛的信息。我的记忆库里有关对付牙痛的信息应该较多，但梦导都没有采用，因为记忆库里那些对付牙痛的方法都不管用。在牙痛的十多天里，我使用了多种办法对付牙痛：用 30 克地骨皮、500 克水熬成 50 克汁点滴痛处，但没什么作用。昨天才知道，我判断哪颗牙痛判断错了；用白酒泡花椒漱口；按摩天冲穴、颊车穴、合谷穴，等等。这些办法只起短暂作用。我想，这些办法治疗风火眼痛可能行，但对付牙髓炎不管用。既然白天我已认识到那些办法对付不了牙髓炎，梦导当然就不会采用了。就像白天我要对付牙痛一样，梦中梦导也要想办法对付牙痛。显然，梦导只能用虚拟的办法来对付牙痛。既然记忆库里的那些办法都不管用，于是它设计了有人发明了一种新药来对付"我"的牙痛的梦剧。这个办法与打封闭针类似。最后怎么又没试用呢？因为牙痛信息始终存在，试了也不可能有效果。可见，梦导根据梦点并结合记忆库里的相关信息，像白天那样，想办法来缓解疼痛，于是创作了一个缓解牙痛的梦剧来。

性梦、乱伦梦

我的一个年轻朋友的心理学老师在课堂上讲过这样一件案例：一个女青年梦中与自己的亲叔叔发生了乱伦性行为，梦后感到极度的羞愧、恐慌。她谴责自己，怀疑自己，无法理解自己的"最卑鄙"念头是如何产生的。她对任何人都难以启齿，内心经历着极端痛苦的煎熬，最后导致精神分裂。这可能是抑郁症的又一个来源吧。她如果能懂得情爱梦、性梦的原理，这悲剧就不会发生。

性梦是又一种重要的常见梦，人人都做过，但人们不知道它的发生原理。所谓的解梦权威弗洛伊德在他的《梦的解析》一书中运用自己的泛性论理论对所谓的性爱梦梦例做了露骨描述，令人不齿。但弗氏根本不懂性爱梦的原理，他的性爱梦理论纯属谬论，必须予以纠正。

由梦点分类表可知，根据梦点类型不同，性梦可分为两类：一类由兴奋梦点引起的，此类性梦可称为相思梦、春梦；一类由性激素刺激引起的，此类性梦可称为荷尔蒙性梦、性激素梦。先介绍刺激类性梦的原理。

性激素是人体内最重要的激素之一。性激素的力量是巨大的，多少人为了性而不顾一切，所谓色胆包天也。那么，在睡眠中当性激素分泌旺盛时，引发性梦就是必然的了。不管做了什么样的情爱梦、性梦，既不必顾虑，也不必期待。年轻人性激素分泌很活跃，做性梦就是非常自然的现象。

刺激型性梦也是由梦点启动的梦剧，也要经历一定的步骤来创作的。本来刺激类梦剧的解析不需要将六个步骤都写出来，但性梦的解析非常重要，现在还是按六个步骤来介绍性梦的创作。

第一步，梦导接收并确认梦点信号。

睡眠时性腺中性激素分泌产生的荷尔蒙信号从性腺上传到大脑后被蒙状态中的梦导接收到，作为梦点而启动性梦剧的创作。

第二步，梦导搜索与梦点相关的心情。

性激素产生的欲望当然是情爱或性爱。

第三步，梦导根据心情确定梦剧的主题。

显然，情爱或性爱是此次梦剧的主题。

第四步，确定梦剧框架情节。

其实，除了性异癖者外，人们情爱的过程或性爱的过程都大同小异。所以，性梦剧的框架情节也很容易确定，梦导根据梦主人自己的经验设计即可。

第五步，确定主要人物。

自己当然是主要人物之一，但情爱、性爱必须有进行情爱或性爱互动的异性人物（同性恋者则需要同性人物），他或她是必须设计的又一个必不可少的主要人物。到哪里去找互动对象？当然是到记忆库里找。此时就看记忆库哪个异性人物（同性恋者则是同性人物）的信号在蒙状态下最活跃，信号强度高的信号就被梦导提取出来作为性互动的人物了。

第六步是场合、背景、道具、具体过程等的设计及演出。

一个人做过很多次性梦，但每次的性梦剧的场合、背景、道具等都不同，这是因为梦导每次的设计不同的缘故。任何人每次做的性梦都是这样创作出来的。

现在性梦的一个关键问题来了，那就是人物设计环节。到记忆库搜索性互动对象，会搜到什么样的对象呢？那就是梦导在搜索的此刻谁的信号强度高，谁就会被梦导作为性互动对象人物。此类对象大体分为三类。

第一类性爱梦互动对象是自己喜欢的、中意的对象。白天，年轻人非常关注异性，尤其是自己喜欢的异性对自己的吸引力很大。这种强烈的关注，在梦中成为活跃度最高的信号的可能性也最大。当此信号被梦导提取后，就被梦导作为梦剧中的性互动对象人物了。梦导将梦主人与其心仪的异性对象作为主要人物进行性梦剧创作。梦剧主要人物确定后，还要设计场合、背景、道具等梦元素。在梦剧中的场合设计好了以后，就要创作两人具体的互动环节了。具体的缠绵情节设计，显然要分有性经验者和无性经验者两种情况。有性经验的梦主人，梦中可能会有性交的情节演出，满足了性爱的需要；无性经验的梦主人又要分两种人：一是少青年，即少男少女或刚进入成熟期的青年；二是成年人。无性经验的梦主人，其梦导不可能设计性交的情节，因为他（她）没有这样的经历、经验，无法进行这样的构思设计。但是，拥抱、接物、抚摸等动作肯定是有的，因为戏剧、电视中这样的镜头很多，梦主人有这方面的大量经验。在这种梦中的缠绵情节中，少男有可能会射精，因为他们的性激素分泌很充足、非常活跃，精满待射，稍有刺激，即会射出。这就是梦中的遗精现象，属于正常现象，不必顾虑和紧张。成年的无性经验的梦主人，因为性激素没有少青年充足、活跃，梦中射精、手淫的可能性要小一些。

第二类性互动对象是并非自己喜欢的普通异性。如果白天你与某个异性吵架了，此事件的刺激较强，梦中成为刺激强的活跃信号的可能性较大，那么这个较强信号就被梦导提取到了而作为性互动对象人物。或者白天你见到一个陌生异性，此人的某一特征引起了自己的关注，这个被短暂关注的人也有可能在梦中成为活跃度高的信号。或者你与某个一般关系的异性较长时间地合作做某件事，这个异性也有可能成为梦中活跃度较高的信号而被梦导作为梦剧中性互动的人物。当这类普通异性成为梦导创作梦剧中的性互动对象人物时，结果，梦中自己就和这个并非自己喜欢的普通异性发生那种事了。自己感到不可思议，我不爱那个人，讨厌那个人，怎么还会和他（她）做那种事呢？不仅吵架等较强的刺激，普通的交往、交流，有时对方也会进入梦中成为性互动对象。包括弗洛伊德在内的西方心理学家，发现过这类性梦梦例。他们发现性梦对象是白天与自己吵架、冲突的人时，无法理解其中的机理而感到奇怪。如果这类普通对象成为性梦剧中的性互动对象，醒来后不要反思自己是不是从内心爱那个人。那个你并不爱的人出现在性梦中只是偶然的，是梦导创作性梦剧时他（她）的信号强度高的缘故而被梦导作为互动对象的。

　　第三类梦中性互动对象是异性亲人，结果发生乱伦梦了。原因也是在梦剧人物设计环节异性亲人的信号强度高而被梦导提取出来而作为性互动对象的。如果不懂得性梦原理，就必定会恐慌，很可能会诅咒自己，怀疑自己的灵魂深处可能发生了什么问题。心理冲突非常严重，又得不到解决，就很可能会导致精神疾患。本书的推理解梦法很容易解释乱伦梦，它只是性梦的一种。弗洛伊德列举了大量的乱伦梦例，却没有一例是真正的乱伦梦。虽然弗氏对乱伦梦最津津乐道，却始终不知道乱伦梦发生的机理。

　　三类性互动对象的出现，除了第一种喜欢的对象是白天自己关注的情爱对象外，第二、三类，都是因为发生了与情爱毫不相干的事情，例如，吵架、争执、合作做事、给自己买了东西等事情而引起的。乱伦梦的发生只是偶然的、概率极小的事件，无须大惊小怪，淡然处置即可。看来，还要普及梦的知识。

　　无论睡眠中或白天清醒状态，当性激素分泌活跃时，其刺激传入大脑后就产生性的欲望。这种欲望会以各种形式表现出来，尤其是情窦初开的少年会被一种无形的力量（即荷尔蒙的力量）驱使着去接近异性。他（她）强烈地关注异性，也希望异性强烈地关注自己，渴望得到异性的关爱、亲昵等。这种情爱的需要，白天都会不由自主地表现出来。当人处于睡眠的蒙状态时，性激素分泌的刺激信号传入大脑时就成为梦点，启动了性梦剧的创作和演出的过程。但是，白天处理这种欲望与梦中处理这种欲望是有极大差别的。白天的这种欲望会受到理智的指导和约束，使自己能克制荷尔蒙的动力驱使，以合适的对象、合适的时间、合适的场合、合适的方式来表达自己的情爱欲望。梦中虽然也有约束，但约束力没有白天的强，关键是梦中缺乏理智的指导。这意味着梦中在性爱的对象、时间、场合、方式等的选择上失去了理智的指导。特别是在确定性爱对象的选择上失去了文明人类社会规范的要求。这种不分身份的性交对象的选择，很可能是人类在远古社会性乱交的遗留思维模式的运作。据人类学研究，在最远古的时候，人类与动物一样是性乱交的。后来规避了母子性交，但那时是不知其父的社会，无法规避父女间的性交。再后来规避了隔代间的性交，但同辈间可以乱交。再后来到了所谓的对偶婚时期，即有了相对固定的性对象。最后才出现固定配偶制。固定配偶制是在私有观念产生的情况下产生的，男性将配偶及子女看作自己的私有财产，不容他人染指。固定配偶制产生的年代相比于人类史是相当短暂的。性梦剧创作不分性互动对象选择的现象是人类远古时期的思维模式的遗留，在梦中出现，不必大惊小怪。即使做了乱伦梦，也没有惊慌、自责的必要，那仅仅是梦剧而已。

以上介绍的是性激素性梦原理，现在介绍相思梦原理。相思梦的梦点不是睡眠中性激素活跃分泌引起的，而是较强思念在梦中成为梦点启动的。相思梦的创作原理与兴奋类梦剧的创作完全一样，也要分 6 个步骤来创作。相思梦的性互动对象一定是自己心爱的对象，而不可能发生性互动对象选择错误。

解析性梦，必须要分析弗洛伊德的性梦理论是否科学。弗氏认为，是俄狄浦斯情结（Oedipus Complex）即恋母情结驱使梦者做了与母亲性交的梦，是厄勒克特拉情结（Electra Complex）即恋父情结驱使梦者做了与父亲发生了性交的梦。难道乱伦梦的发生原理真的如弗氏认定的那样吗？通过本书以上的介绍，我们已经知道了两类性梦的发生原理，都不是如弗氏所说的那样。但是我在媒体中发现，弗氏的性梦理论在中国还有一定市场。为什么这样的理论还有一定的市场呢？原因有二：一是在本书问世前，还没有一种令人信服的性梦理论供人们评判，人们只好似信非信地将弗氏性梦理论作为参考；二是所谓的恋父情结、恋母情结理论被人们广泛地接受。人们发现，从出生到成人的过程中，母子间、父女间似乎有种特别的依恋情结。其实，无论男孩或女孩，年龄越小，恋母情结就越强烈，有奶便是娘嘛。女儿是父亲的掌上明珠，女儿似乎对父亲也有特别的依恋。这种现象我认为是气质阴阳互补现象，其中还掺杂了好奇心成分。儿童成长过程中，父母是他们首先关注和学习的对象，儿童很轻易地就能发现母亲与父亲在气质上相差很大。好奇心和自身的气质驱使男孩格外地关注母亲、依恋母亲，使两者的气质形成互补；好奇心和自身的气质驱使女孩格外地关注父亲、依恋父亲，使两者的气质形成互补。其实父母也有异性气质互补的需求，使父亲似乎更喜欢女儿，母亲似乎更喜欢儿子。我认为这就是母子情结和父女情结发生的原因。将这两种情结统称为异亲情结。应当说异亲情结与性激素是有关的，但这种关系是间接发生的，即由于性激素的不同而形成男女气质差异而发生相关关系的，其表现形式是气质互补，与性冲动毫无关系。男女气质差异是多方面的，但刚柔气质的差异是男女气质差异最集中的表现。刚柔是两种相反的气质，它们之间有极强的互补性和相互吸引力。异亲情结的成因主要就是气质相反形成的阴阳互补。阴阳气质互补在兄妹间也有表现，这就是兄妹情结，也属于异亲情结。阴阳气质互补在非亲缘关系中的男女之间也有广泛的表现。阴阳气质互补通常与性冲动没有关系。弗氏将异亲情结与性冲动直接联系在一起，是我不能接受的观点。我们承认异亲情结的存在，但不承认异亲间有直接的性冲动欲望，我们每个人都可以验证这一点。极少数人做了乱伦梦，那不是因为对异亲有性冲动欲望，而是在梦剧人物设计环节中因为远古遗留思维模式运作而发生的。

科学地揭开性梦原理对一代又一代的年轻人的健康成长具有一定的意义，从而对人类社会的和谐具有一定的意义。

2　外激梦

外激梦与内激梦都是我们的感官在睡眠中受到刺激而引发的梦剧。外激梦是分布在体表的感觉器官在睡眠中受到一定强度的刺激而引发的。我们的体表分布着眼耳鼻皮肤等器官，这些器官在睡眠中仍然受到外界环境的相应刺激，例如，受到声音、光线、温度、气压等刺激。如果这些刺激强度没有超过警戒强度，就不会引发梦；如果达到警戒强度，刺激信号就会上传到大脑，引发相应的梦；如果刺激信号强度超过警戒强度而达到唤醒强度，则刺激信号会将人从睡眠中唤醒过来。我很小的时候做过一个梦，因为对我的刺激太大，终生不忘。

梦例25——被山压之梦

我躺着，我们村西的宝塔山压住了我的胸部，我的头从山东边的凹处伸出来，又有一个公鸡的尾巴伸在我的嘴巴上方，鸡尾巴上的长毛阻挡了我呼吸。山那么重，压得我胸部极难呼吸，那鸡毛讨厌极了。我使劲地挣扎，急得我浑身是汗，还是极难呼吸。我终于被憋醒了。

这个"被山压之梦"显然是胸部被重物压住而引起的梦：被棉被和棉袄压住胸部了，被子头又堵住了鼻子。当被重物压住而难呼吸的刺激信息上传到大脑后，根据找理由原理，梦导就分析：为什么呼吸困难？肯定是被很重很重的东西压住了。被什么很重很重的东西压住了呢？可能是山，因为只有山才有那么重。被哪座山压住了？肯定是村西的宝塔山。于是梦导设计"我"被宝塔山压住了的梦剧情节。鼻子上还有软软的东西挡住了呼吸。是什么软软的东西在鼻子上？梦导经分析认为，可能是鸡毛堵住了鼻子，于是梦导又设计了鸡尾巴上的长毛堵住了鼻子的梦剧情节。

找理由原理是解析刺激梦的最重要的原理，因为梦导就是根据找理由原理来创作梦剧情节的。

三　梦境转移

梦例 26——龙之梦

我从上册渡村的山脚往我们村回来，碰到我的同学龙 BO。我们走到陡门（连通外河与内河的闸门）处，忽见有条龙在陡门北侧的内河中，看不见它的头和尾，只看到它很粗的身子。身上有粗大的鳞片，和鱼的鳞一样。忽然龙变成了鱼，鱼向北游去。我继续沿着河堤向北走去。

这个梦的发生时间我不记得了，因为那时我还没想研究梦。就是这个梦使我萌生了研究梦的念头。做梦后我当时想，龙 BO 怎么会出现在梦中呢？他在江西，我在广东，梦境在安徽老家。由于当时不懂解梦，觉得梦真的很奇妙。不过当时我就觉得，龙 BO——龙——龙的鳞片——鳞片——鱼——鱼游走了——我也沿着鱼游的方向走了，这肯定就是梦的演变过程。龙 BO 的出现，可能是跳思转移而来的，经同音转换，由龙 BO 就转移到龙，龙就出现了。（我记不清龙是不是由龙 BO 变成的，后面梦境中没有出现龙 BO 了。）经推理，龙有鳞片，由鳞片经相似转换又转移到鱼了，又经推理转移，鱼游走了。当时我觉得，梦可能并不难解，有研究的必要。因为每个人都想知道梦的秘密，如果能揭开梦的秘密，那就解开了人类万年之谜，让人们从对梦的神秘中解放出来。后来，我买了弗洛伊德的《梦的解析》来看，他说的也有点道理。但我觉得，虽然看了他的书，但我还是不会解梦。所以，我要自己来研究梦。我记录梦的第一本记录本的最早时间是 1996 年 2 月，开篇记的是弗洛伊德书中的观点。这说明弗氏的书那时我已经看完了。所以，解梦念头的产生，大约在 1995 年底或 1996 年初。我对这个梦印象极深。

做梦通常是几个梦连在一起的，每个梦都比较简短，情节也不一定有关联。但由一个梦转移到另一个梦是有原因的。上面这个梦就发现了几种梦境转移的途径：跳思转移、同音转移、推理转移、相似转移等。

同级转换是非常常见的手法。同级信息检索错误是我们清醒状态下经常出现的，尤其年龄较大时更是如此。同级别的人物、同级别城市的名字、年份四个数字中的第三个数字等是我们在清醒状态下常常容易弄错的，而到了梦中，就成为梦境转移的原因了。

梦境转移用得最多的手法是跳思转移。这是清醒状态下每天都会频繁地发生的事。跳思在梦中也会发生，使梦境从一个场景突然又转入另一个场景。

因为我当时没有研究梦，所以也不懂得解梦，所以梦后也没有回忆这个梦的梦点和心情。没有梦点和心情，就不知道该梦的主题。只是此梦的梦境转移路线引起了我的兴趣而记住了。如果没有这个梦引起我的解梦兴趣，哪里会有我的梦理论的产生？哪里会有揭开梦秘密的今天的到来？我要感谢这个梦！

第三章　梦剧创作理论探索

一　梦幻艺术的地位

人类原本是没有艺术的，但自从人类进化出悟觉，获得自觉智能后，就开始了精神活动，开始了文化活动，而这些广泛的活动中就包括艺术活动。自从人类发明了文字后，有文字的民族就将其精神活动和文化活动记载下来，成为文化典籍。这些典籍中就包括记载艺术活动的资料。后来的学者们对这些艺术典籍记载的艺术活动进行总结和提高，便提出了该项艺术的理论。于是，该项艺术活动就有了自己的艺术理论。随着历史的进步，各类艺术都有不同程度的发展，于是，各类艺术理论也在不断地丰富和发展。显然，是先有艺术活动实践，后有艺术活动记载，再有艺术理论诞生。社会在进步，新的艺术也随之出现，新的艺术积累到一定程度也会产生自己的艺术理论。

但是，人类艺术活动的范围太广大，有文字记载的并有自己理论的艺术门类毕竟较少，还有更多艺术活动并没有被记载、被研究过。人类是有高度组织性的物种，人类活动并不是随意的活动，而是有目的、有计划、有技巧的活动。人类的生存活动是讲究活动技巧的活动，所以从更广阔的视角看，人类的活动就是讲究活动技巧的艺术活动，这当然看你怎样给艺术概念下定义了。人类活动的技巧都可以被视为艺术。跳舞是艺术活动，绘画是艺术活动，唱歌是艺术活动等，这是人人皆知的；但打仗也是艺术活动，做菜也是艺术活动，设计产品也是艺术活动，领导社会团体也是艺术活动，所谓战争艺术、厨艺艺术、设计艺术、领导艺术，等等，人们不一定都知道它们也是艺术活动。在这很多没有被研究过的人类艺术中，就包括梦幻艺术活动。梦活动早就被人类关注，并且给予了极大的关注，但是迄今为止的记载表明，没有任何典籍将梦活动视为艺术活动。本书是第一部将梦活动视为艺术的著作。

迄今为止的所有艺术典籍都认为，人类最早的艺术活动是原始舞蹈、原始洞穴画及岩石壁画、图腾装饰、陶器图案，等等。但我认为，人类自从进化出悟觉后，就开始梦的活动了。甚至有资料认为，动物也会做梦。人类语言诞生之初，各人的梦活动就被描述、被交流、被解释。人类个体的梦活动及后来梦活动被描述和传播的文化活动，远远早于原始舞蹈、图腾装饰等。现在我发现了梦活动是艺术活动，是梦剧的创作和演出的表演类艺术活动，这表明梦幻艺术的起源时间与自觉人类诞生的时间是同一时间。梦幻艺术起源的时间远远早于其他任何艺术起源的时间。梦活动是人类最早的艺术活动。

正式被称为艺术的门类，如美术、音乐、舞蹈、文学、戏剧等，都有自己的艺术理论。电影是现代才出现的艺术活动，据报道，最早的电影片是1895年法国卢米埃尔兄弟放映的《水浇园丁》。电影艺术产生后，就被电影艺术家们及时地给予研究和总结，于是电影艺术理论及时地产生了。看来，要正式被认为是艺术的活动，就得有自己的艺术理论。梦活动最早被我发现为艺术活动，它要正式被认为是艺术，也得有自己的艺术理论。于是，我不得不进行梦幻艺术理论的探索。然而，这对我实在太难了，因为我是艺术理论的"门外汉"。好在以前我爱好广泛，虽说不上博览群书，但猎奇也有一定广度，这为我现在的研究提供了一点基础。最近我连续读了约十本艺术理论方面的书，但对于我探索梦幻艺术理论，所获甚微，我还得要自创梦幻艺术理论的基本框架。这并不奇怪，新的艺术或新发现的艺术在创作理论上必定有与其他艺术的理论很不相同之处。例如，电影艺术的最重要理论是蒙太奇，即摄影片段的剪辑、组合。这个蒙太奇理论在电影艺术产生之前的艺术中是没有的，也应用不上。同理，梦幻艺术理论也必定有自己独特的艺术理论，其中也许有其他艺术理论中没有的理论，或用不上的理论。原因很明显，因为梦幻艺术是最早的艺术，其理论当然与其后的艺术活动的理论不可能都相同。后来诞生的艺术活动的理论要参照其诞生前的艺术活动的理论，而前面诞生的艺术活动的理论不可能参照其后诞生的艺术活动的理论。所以，探索梦幻艺术的理论，就是在探索人类最原始的艺术理论。我才疏学浅，不一定能挖掘到梦幻艺术活动的真谛。我想，能接近梦幻艺术活动真谛的理论今后总会诞生并逐渐完善起来，我就作为梦幻艺术理论的开拓者、奠基者而进行探索吧。人们也许从梦幻艺术理论中能发现人类所有艺术的共同规律、规则，等等。也许更为重要的是，因为最原始的梦幻艺术活动是与人类精神活动同时诞生并协调互动的，从梦幻艺术理论中也能窥视到人类精神活动的一些内幕，从而为人类精神起源的探索提供一些参考。

梦幻艺术活动与其他艺术活动的最大不同之处在于，梦幻艺术活动是人在睡眠中处于半睡半醒状态下的艺术创作和演出的活动，是半醒态艺术活动。我将人的半睡半醒状态定义为蒙状态，所以，梦活动也可称为蒙态艺术活动；而其他所有艺术活动都是人在清醒状态下从事的艺术活动，是醒态艺术活动。从人类艺术最基本分类上，梦幻艺术活动与醒态艺术活动各占半壁江山。

二　梦活动理论分类

人在睡眠中中枢神经系统处于被抑制状态，但中枢神经被抑制的程度是不断波动的，有时被抑制得深一些，有时被抑制得浅一些。中枢被抑制得浅的时候就是蒙状态，是做梦的大好时机。虽说被抑制得浅，但还是被抑制了。中枢被抑制是什么意思？就是梦者分不清真假虚实了；梦者有些动作做不了了；梦者的有些智力运作不了或运作得不太准确、不太正确了。梦幻艺术活动就是中枢在这种蒙状态下的活动，它的活动受到了生理上、智能上的种种限制。这是我们探索梦活动、探索梦幻艺术理论时必须要牢牢记住的前提。

梦活动既是人的精神活动，同时也是人的生理活动，梦活动是以中枢神经系统的蒙态生理活动为基础，以中枢神经系统的蒙态精神活动为主导的阴阳合为一体，其中蒙态生理活动是阴子，蒙态精神活动是阳子。因此，梦理论就包括精神上的梦活动理论和生理上的梦活动理论，将它们分别简称为梦精神活动理论和梦生理活动理论，见图 3-1。

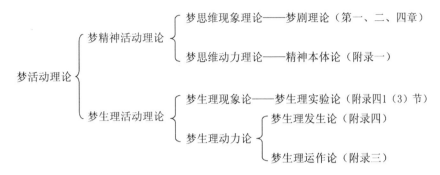

图 3-1　梦活动理论分类

人的精神活动就是人的思维活动，反过来说也一样，即人的思维活动就是人的精神活动。人在蒙态下的思维活动就是做梦，或者说人在蒙态下的精神活动就是做梦。蒙态精神活动是蒙态精神活动的现象与蒙态精神活动的动力辨析构成的阴阳合一体，蒙态精神现象是阳子，蒙态精神动力是阴子。蒙态中的精神现象就是梦中的景象，即做梦的内容，我们已经知道，梦中的景象就是梦剧的创作和演出的过程。所以，梦剧理论就是概括蒙态精神现象的理论。但是，梦剧创作和演出这种精神现象不是无根之树，不是无源之水，而是有根有源的精神现象，其根源就是人的精神本体或称精神大厦。这与我们清醒状态下的思维活动——精神活动是一样的。清醒态下，我们的任何思维都不是无目的、无计划的，而是有动力根源的。这个思维和行为的动力根源也是人的精神本体。人在醒态和蒙态的精神活动的动力都出自同一个精神本体。什么是人的精神本体？人的所有需要构成的有序结构体就是人的精神本体。本人经过 20 多年的努力，在中国哲学中找到了思维武器——阴阳辨析，终于将人的精神大厦构建了起来。本书附录一已经简单地介绍了人的精神本体的结构。更详细的情况写在我的《人的特性与行为动力总机制》一书中。本书第一、二章建立了梦剧理论，即建立了蒙态精神现象学；本书附录一介绍了蒙态精神动力结构，即介绍了人的精神本体——精神大厦结构。

从生理上研究梦活动，也分为两部分，它们相互结合地进行：一是梦生理的现象研究；二是梦生理的动力研究。梦生理现象是在梦学实验室中进行的。高能物理研究或天体研究分实验探测和理论归纳两部分，所以有理论物理学家和实验物理学家之分。同理，梦生理理论研究也分实验探测和理论归纳两部分。实验探测是从梦生理的现象上进行测量，这就是梦生理实验论。这些探测是科学家们用现代化仪器设备进行的。我个人没有这样的实验研究条件。而梦生理动力理论的探索，我可以凭自己的梦活动体验及相关的知识和经验进行。本书将用两篇的篇幅来介绍梦生理理论，附录三、附录四介绍梦生理动力论，其中附录四 1（3）节介绍梦生理实验论。

本书的重点是梦剧理论，这是普通民众最需要的人生必备知识之一。梦的其他理论部分见附录，对理论不感兴趣的读者可以不读，或稍加浏览即可。

三　梦剧理论归总

在第一章和第二章中，已经分散地进行了梦剧理论的探索，现在只要归总一下即可。

1　关于梦剧创作的五大规则

在第一章中已经详细地介绍了梦剧创作的五大规则，它们是第一规则梦点规则、第二规则心情规则、第三规则梦者亲身参与规则、第四规则梦剧最简设计规则和第五规则梦剧情节适于表演规则，其中心情规则是中心规则。之所以称它们是规则，是因为每个独立的梦剧的创作必须要遵守这些规定，缺一就不能创作梦剧。

这五大规则被我视为开启梦迷宫内大门的钥匙，它是我逐渐发现的，发现过程极其艰难，否则别人早就发现了。例如，第一规则，前人们早就看到梦点的作用了——知道"日有所思，夜有所梦"现象，但包括弗洛伊德在内的所有梦学家都止步于现象，而没有就这一现象进行提炼、提高。心情规则的由来，是我从弗洛伊德那里得到了启示。弗氏说："梦是欲望的达成。"显然，梦中有很多欲望是达不成的，我不知道弗氏为什么不将"欲望的达成"改为"心情的表达"。这里我捡了一个便宜：我将"欲望的达成"改为"心情规则"。但这并不仅仅是改写一句话那么简单。改写公认的解梦权威的经典名句，是我从很多梦例的解析中得到自己的结论后才改写的。其实并不是改写，是"参照"弗氏的观点。与弗氏观点的更大区别在于，我将"心情的表达"视为规则，而弗氏解梦时，脑中根本就没有梦的规则的概念。亲身参与规则是从梦例 1 "宴席之梦"的解析中发现的，是在走投无路之际换位思考得到的。最简设计规则和情节适于表演规则都是最后发现的，是从很多梦剧创作的分析中总结出来的，也是来之不易。

【深度思考】

做梦还要遵守什么规则吗？是谁给做梦立规则的？我认为，人在清醒态下的思维不是胡乱进行的，而是按照思维规律进行的，而人在蒙态下的思维，也不是胡乱进行的，也要遵守思维规律。思维规律就是思维要遵守的规则。但人究竟有哪些思维规律，思想家们做过许多研究和归纳，也有著述出版，我就不介绍了。

这些规则是谁制定的？当然不是神制定的，而是人的中枢神经系统的进化机制制定的。醒态下的思维活动是有规则进行的，所以有思维活动规律，或称醒态思维活动规律。同样，蒙态下的思维活动也是有规则进行的，也是有蒙态思维活动规律的，这个规律就是梦剧创作规则。醒态活动思维规律与蒙态活动思维规律应该有大致相同的表现。例如，事启点规则就是两种思维活动规律共同遵守的规则之一：醒态下，（正常）人的任何思维活动都不会是无缘无故进行的，而必定是由某个事件启动的，或是某个跳思启动的。这个思维活动的启动点就叫事启点。在梦中，事启点就是梦点。所以，蒙态下的思维活动都是由梦点启动的。又如心情规则，也是两种思维活动必须遵循的规则之一。醒态下的思维活动都不是无目的的，而某个目的就是某种心情或某种需要的表达。所以，两种思维活动都是有目的的思维活动，都是某种心情或需要的表达。又如亲身参与规则，也是两种思维活动共同遵守的规则之一。要表达自己的某种心情，只有自己亲身去体验才能实现，别人是无法代替自己去体验的。所以，无论醒态下或蒙态下，要表达自己的心情都必须亲身参与体验事件的全过程。至于最简设计规则，其来源是生物界最普遍的活动规则，那就是最小能量规则。所有动物的活动都遵守这个规则，蒙态思维活动，即梦剧的设计和表演活动当然要遵守这个最小能量规则。人在醒态下有时还浪费智力能量，但在蒙态下智力受到了抑制，可供使用的智力能量本来就不足，岂容浪费？要能省则省、能简则简。所以，梦剧的最简设计规则也是蒙态下的思维活动规则。梦剧情节表演要遵守适于表演规则，则是所有表演艺术都必须遵守的规则。这也是两种思维活动的规则。所以，梦剧创作五大规则是人类的中枢神经系统的进化机制设立的规则，是蒙态下思维活动规律的表现。

2　梦剧创作机理探索

根据梦点类型，我将梦剧分为刺激梦和兴奋梦两大类。这两类梦剧的创作机理既有相同之处，又有不同之处。所谓梦剧创作机理，是指梦导通过一定的思维路线创作梦剧的过程。梦剧创作有一条清晰的创作路线：接收并确认梦点——搜索与梦点相关心情——根据梦点与心情确定梦剧主题——根据主题确定情节构思思路——根据思路确定艺术手法——根据思路和艺术手法构建框架情节——根据框架情节设立梦剧人物——设计具体情节——梦剧上演。现在分别介绍两大类梦剧的创作机理。

（1）刺激梦梦剧创作机理

刺激梦的梦点是睡眠中中枢神经系统外部的感觉器官或内脏中的感觉神经将达到警戒强度（而不是唤醒强度）的刺激信号上传到中枢的信号。中枢系统接到警戒强度信号后，中枢中的思维平台（简称"思台"）就要分析这些信号的意义并根据分析的意义作出相应的处理。我们以尿梦为例来分析刺激梦的创作机理。

觉醒态下，中枢接到尿胀警戒信号后，思台首先要确认信号意义，确认意义后还要思考对策，决定是否马上去排尿。如果作出了马上排尿的计划决策，接着要决定去哪里排尿及行动路线，还要想一想是否要做一些准备，例如，是否要准备手纸，如果有包裹、行李等随身物品，还要决定是否将随身物品带入厕所，等等。做了上述一系列准备性决定后，才开始具体行动。思台就指挥我们的运动系统行动起来，去找小便的地方，找到合适的场所并做了相关的准备动作后，思台最后才采取行为决策，行为决策决定后思台就指挥尿路控制系统控制的相关肌肉群，打开尿路括约肌开关排尿。

　　睡眠中，尿胀信号传到中枢后，思台也要像在觉醒态下那样，做一系列分析和决策，做一系列动作。计划决策作出后，蒙态与醒态开始有所不同。梦中，思台同样要指挥我们寻找小便处。但如何执行思台找小便处的决策，醒态与蒙态发生了分歧。觉醒态下，我们真的要找小便处；梦态下，我们却假的要找小便处，更确切地说，是虚拟地找小便处。梦态下思台发生了执行错误。至于梦态下思台为什么会发生执行错误，这不是作为精神现象的梦剧理论要解决的问题，而是生理上的问题，思维功能结构上的问题。这个问题我们到附录二中讨论。从执行思台决策开始，梦导的虚拟现实活动就开始了，也就是开始做梦了。梦剧都有主题，尿梦的主题显然是处理尿胀的心情。梦中的心情与觉醒态下的心情是一样的，只是实现的方式不一样，梦中是虚拟地处理。梦中要虚拟地找小便处，首先要构筑一个虚拟的环境和对象，让梦者有地方去找。虚拟的环境信息要到记忆库里找，梦导要到记忆库（信息库）里寻找相关的信息。梦者以往小便的环境和对象信息被搜索出来，这类信息比较多，首先被搜查出来的场景和对象信息被思台选择为虚拟活动的场景和对象。至于为什么会选择这个环境信息而没有选择其他的环境信息，这应该是随机的。正因为搜寻出来的信息是随机的，所以我们每次尿梦的场景都不一定相同。梦导根据从记忆库搜到的小便处环境和对象信息，就虚拟一个环境让梦者在这个虚拟环境中寻找小便处。这个虚拟环境的梦境就在思台屏幕［"思台屏幕"见附录二"灵动神经系统（LDX）功能结构图"］中展开了。我们在这个虚拟场景中急切地寻找合适的地方以便排泄。每个人可能都做过尿梦，我们都知道，总是有各种各样的原因让人尿不成。梦中尿不成的真实原因是生理原因，是因为睡眠中被随意神经系统控制的肌肉群的控制开关关闭了，例如，控制尿路括约肌的随意神经纤维不工作了（见"思维功能结构图"中的通道 11 被关闭）。尿路括约肌不打开，就尿不成。但是，尿不成的信息却被监测反馈系统的第 13 通道检测到并上传到了中枢，中枢知道了尿未排成。梦导分析未尿成的原因时发生错误了。梦导不是从生理上找（未尿成的）原因，而是从虚拟环境中找原因。这种归因错误不能归咎于梦导，而应归咎于整个中枢。中枢在睡眠中，或者换种说法，中枢在被抑制状态下，是分不清真与假、真实与虚幻的。被抑制的中枢不知道从生理上分析问题，而只是从虚拟环境中找原因。这种归因错误会发生在所有的刺激梦中。梦导从虚拟环境中分析未尿成的原因，这样的原因当然各种各样。梦导每分析一种未尿成的原因时，马上虚拟出该种场景，例如，找不到厕所，或厕位肮脏，或远处来了异性等场景，并将虚拟出的场景在思台屏幕（简称"思屏"）上放映出来被梦者所知为什么未尿成。这种在思屏上上演的虚拟场景及梦者的活动就是梦境了，或者说是梦剧情节了。各个梦中梦导分析出的原因不同，则虚拟出的场景就不同，所以未尿成的梦境就不同，所以梦者每次的尿梦梦境是不同的。将上面阐述的刺激类梦剧创作过程给一个简短的归纳：即析即拟即演过程（简称"三即过程"），也就是即刻分析原因，根据分析出的原因，即刻虚拟出相应的场景，并即刻将虚拟的场景在思屏上演出。"三即过程"就是前面说的找理由原理。如果梦中腰痛刺激达到警戒强度，那么此刺激信号就会上传到思台。思台会分析为什么会腰痛。睡眠中的思台会发生归因错误，将腰痛的原因不是归因于生理，而归因于（虚拟）场景。思台会从（虚拟）场景中分析为什么会腰痛：可能是因为被别人打了一拳，那么梦导就会虚拟出打架的场景；或者是因为被汽车撞击了腰部，那么梦导就会虚拟出被汽车撞击的场景。不管是什么样的梦境，只要是梦中场景导致腰痛感觉很强，我们不要被梦境情节所误导，因为思台在梦中会发生归因错误，我们要从生理上找原因，关注腰部疼痛的病因。同理，如果梦到肝部被击，导致肝部疼痛或不适，梦醒后不要被梦剧误导，而要从生理上关注肝脏问题。刚才说的腰痛梦、肝部不适梦等"病梦"都具有预兆意义，千万要引起我们的注意。

（2）兴奋梦梦剧创作机理

现在分析兴奋梦的创作过程。兴奋梦的梦点来自睡眠时中枢神经系统内部的某个事件记忆信息点的兴奋。最容易兴奋的事件信息当然是昨天（或今天）对自己印象较强的事件信息，所以回忆梦点要尽力回忆昨天的事件。思台觉醒态下的思维活动，是处理真实事件的思维活动，可称为实真思维活动，或称实真精神活动；思台在睡眠态下的活动也是思维活动，精神活动，但却是虚拟事件并导演虚拟事件的思维活动，可称为虚真思维活动，或称虚真精神活动。之所以称其为虚真，是因为梦中，梦者将梦中的虚拟活动当成真的活动了。虚真思维活动就是梦剧的创作和演出活动，或者叫做梦。思台接到梦点信号后，就要分析信号的意义，并以梦点事件的意义为出发点开展虚拟的思维活动。无论觉醒态还是睡眠态下的思维活动都是有目的的活动，都是围绕自己的某种需要或心情而展开思维活动的。梦中的虚拟思维活动也是围绕梦者的某种心情而展开的。这就是心情规则的由来。梦思维要反映的心情从哪里来？思台要到记忆库里搜索白天与梦点相关的一些事件所引发的心情。白天的事件很多，每件事引发的心情也不相同。当然，较强刺激的事件引发的心情，通常最先被搜索出来，而成为梦剧要反映的心情。确定了要反映的心情后，就根据心情确定梦剧的主题。梦剧主题确定后，就可以开始梦剧情节的设计了。

前文讨论了刺激梦的"三即过程"——即刻分析、即刻虚拟、即刻上演过程。兴奋梦没有刺激信号，它的启动信号是记忆库的兴奋点信号。光有梦点信号还不行，梦导还要从记忆库里搜索近来与梦点相关的事件引发的心情来作为梦剧的主题。有了主题内容就可以进行梦剧的创作。所以，兴奋梦点启动后的首要活动是搜索相关心情。搜索出主题心情后的创作过程也是即刻虚拟、即刻上演。所以兴奋梦的创作过程是：即刻搜索、即刻虚拟、即刻上演，也就是"三即过程"。我们用简称的办法来区别两种梦的"三即过程"：将刺激梦的"三即过程"简称为"即刻析拟演"过程，将兴奋梦的"三即过程"简称为"即刻搜拟演过程"，或者再进一步简化：析拟演过程与搜拟演过程。

3　梦剧创作技巧

艺术作品的创作者们通常只将作品展示出来，而不会将他创作该作品的思路、艺术手法等告诉别人。这些创作技巧需要艺术评论家们去做专业的分析，然后评论家们将他分析的结果告诉观众、读者。当然，观众、读者自己也会去分析，但可能不专业。现在我要做梦剧创作思路、技巧等的分析和归纳，似乎不合乎其他艺术家们的通常做法。但是读者要知道，"我"是观看梦剧表演的观众，想知道梦剧是怎样创作出来的，它的艺术性有哪些。

梦导创作梦剧不仅要遵守创作规则等章法，遵循一定的创作步骤，而且还要讲究梦剧的艺术性。梦剧创作章法和梦剧创作步骤在第一章的预备知识中都已经详细阐述过了。现在来总结梦剧的艺术性问题。不过，在第二章的梦例创作观摩中，已经分散地探讨过了，现在加以归纳总结。

(1) 梦剧情节构思思路及艺术手法

根据主题创作一个什么样的艺术作品，首先要确定的问题是创作思路。同一个主题，不同的思路会创作出不同的作品。这就如同老师出一个作文题，学生们会写出各种不同的文章来。但是，艺术家们不会将他的创作思路告诉读者、观众。所以，在艺术理论中很少论及创作思路问题。但我在分析梦剧创作的技巧和艺术性时，尤其关注创作思路问题。确定创作思路是梦剧创作路线中非常重要的一步，因为不同的思路会创作出不同的梦剧。每个艺术作品都有艺术表现手法，每个梦剧也有艺术手法。采用何种艺术手法并不是作者随心所欲决定的，而是作者根据其构思思路决定的。

我发现，梦导在确定了梦剧主题后，在构思梦剧框架情节时，其思路主要围绕梦点思考。梦导依据梦点做种种加工，来构筑框架情节。最简单的思路是"梦点续演"，例如，在梦例5"与张医生交谈之梦"中，梦剧接着白天与张医生交流的事件编演。"梦点续演"的思路决定了此梦剧要采用的艺术手法是写实，接着白天的交谈事件继续编演故事。梦例1"宴席之梦"的构思思路是"梦点延伸"。该梦剧的梦点是××亚运会上A国女乒团体赢了中国女乒团体而夺冠，梦导根据"我"的心情确定的梦剧主题，将这一梦点延伸到A国与B国领导人友好互动，来构筑梦剧。"梦点延伸"思路也决定了要采用写实手法来编演故事。梦例2"拜见钱老之梦"的思路是"梦点比照"。该梦剧的梦点是中央领导人看望钱老，梦导比照这一梦点，采用"我"拜见钱老的思路来构筑梦剧框架。既然思路"比照梦点"决定了以拜访形式构筑梦剧框架，那么就决定了采用对话手法来设计情节。梦例3"吸烟之梦"的构思思路是"梦点续演"与"梦点切换"相结合。该梦剧的梦点是刘某吸烟，梦导接着吸烟梦点续演，但根据梦剧心情和主题对梦点进行了切换，将刘某吸烟切换为SU吸烟。既然梦点要切换，于是采用了"角色替换"手法和写实手法来设计情节。梦例 6 "九宫格之梦"的构思思路是"梦点续演"与"梦点改编"相结合。该梦剧的梦点是我做九宫格数独智力游戏，梦导接着九宫格游戏续演，但对九宫格游戏规则进行了改编，将智力游戏改编为操作性游戏。既然思路是"梦点续演"和"梦点改编"，那么就不能用写实手法，而要用改编手法，改成"同模异剧"梦。梦例 7 "智障女之梦"的构思思路是"梦点组合"。该梦剧的梦点有两个：一是智障女，二是床，梦剧将这两个梦点组合起来构筑梦剧。但仅有这个思路还不够，还要将梦剧主题表达出来，所以梦导借用梦点组合的形式，采用"同模异剧"的思路来构筑梦剧框架。怎样构筑同模异剧梦？梦导采用了比照模拟手法来实现。梦点事件中，我的心情是先厌恶后自责，梦剧就比照这一心情变化过程，也构筑先厌恶后自责的梦剧故事。梦例 9 "子不救父之梦"的构思思路是"梦点延伸"。这个思路与梦剧 1 的思路是相同的。既然思路是"梦点延伸"，要怎样延伸呢？这就决定了梦导要用"题材缩放"手法来延伸，将儿子不与父亲来往的真实事件延伸为子不救父的梦剧事件。此剧为了加强演出效果，还使用了冲突手法来设计情节。梦例 11 "拉二胡之梦"的思路是"梦点组合"思路与"想象"思路相结合，将拉二胡的梦点与 CCTV 10 "我爱发明"栏目内容的梦点组合起来作为形式，用想象思路来构筑框架情节。既然用想象思路，其艺术手法就采用奇思妙想。该梦剧的梦点组合思路与梦例 7 "智障女之梦"的思路相同。梦点组合思路构思出来的仅是梦剧的形式，要构思梦剧的内容，还得要决定采用别的思路。梦例 13 "捡钱之梦"的思路是"梦点题材缩放"，即将中奖梦点题材放大到意外之财来构筑梦剧。"梦点题材缩放"既是思路也是表现手法。梦例 14 "人变鸡"之梦的思路也是"梦点组合"，将人、狗、鸡三个梦点组合起来构思。梦点组合得到了梦剧的表现形式，设计其内容的思路是梦点变幻。这个思路决定了要采用的表现手法是神话手法。梦例 17 "梦见孙中山"的构思思路是"梦点延伸"，将我国台湾地区选举事件的梦点延伸到我对孙中山的情感表达。这个梦点延伸思路，使梦导要采用张冠李戴手法和写实手法来构筑框架情节。我没见过孙中山，所以要用张冠李戴手法来显现孙中山。"我"为孙中山服务的情节又是以写实手法表现的。梦例 20 "颠倒事实真相之梦"的构思思路是"梦点组合"，将梦点 S、H 与跳思梦点焦虑组合起来构筑梦剧框架情节。梦点组合得到了表现形式，构筑梦剧内容的思路就是"颠倒事实真相"。从这一思路出发，梦导采用"激将法"这一艺术手法来构筑框架情节。

但不是所有梦剧的构思思路都围绕梦点思考，有些很难找到梦点的梦，如回忆梦、跳思梦等，一般就以心情为思路了。还有设想梦、想象梦等，梦点的作用没那么大。现在来看看其他梦剧的构思思路。

梦例 10"世界末日之梦"的构思思路是设想，设想世界末日的到来。根据设想思路，梦导采用"想象手法"来构筑框架情节。梦例 12"乘气球之梦"的构思思路是"替代思路"，将我想乘飞船获得飘浮感用乘气球来代替。由于梦者没有在空气中飘浮的体验，梦导被迫使用哄骗手法来构筑框架情节。梦例 15"火中洗浴之梦"的构思思路是"事实证明"，即用"事实"来证明工人是不怕火烤的。要构筑什么样的事实来证明工人不怕火烤呢？梦导只好采用神话手法来表现工人不怕火烤。回忆梦的构思思路大多是"今昔结合"。例如，梦例 16"帅气之梦"和梦例 19"挨打之梦"的构思思路都是"今昔结合"。虽然两剧的思路相同，但是因为梦剧主题不同，所以表现的手法还是不同的。"帅气之梦"的表现手法是移花接木，将 Y 的帅气移植到"我"身上；而"挨打之梦"的表现手法是角色变换。最为奇特的是梦例 18"吓醒之梦"，采用的思路是"身份置换"，让"我"顶替那位受冤屈的女人来体验所谓的"不吉利之人"遭到社会歧视、惩罚的心情。该剧的表现手法是题材缩放，将迷信认为的不吉利放大到得了烈性传染病引起的不吉利，由此来构筑梦剧框架情节。

本书只写了我的少数梦例，本节总结的梦剧创作思路和艺术表现手法都很有限。各种艺术的构思思路及表现手法都是极其多样的，而且新的构思思路和新的艺术手法在不断发展和丰富。实际上，梦剧创作与梦者的经验和知识息息相关，与梦者的思维习惯和思维模式也息息相关。所以，梦剧的构思思路和相应的艺术手法也是非常多样的，或者说是没有止境的，梦剧的构思思路和艺术手法也会不断被发现。本书只能挂一漏万地总结了几条梦剧构思思路和艺术表现手法。

（2）梦剧情节取材途径

梦境在思维平台上显现出来，这些显现出来的画面由哪些元素构成？梦境画面由人物形象及人物互动、背景及背景变化、道具的形状及道具的增添和消失等材料构成。这些材料犹如建筑楼房的水泥和砂石，是构成梦剧情节的梦境画面材料。这些材料从哪里来的？梦境画面材料有两个来源：一是记忆库；二是思维平台临时制造的。梦导从记忆库里选取材料的运作，我称为"就库取材原理"。如果记忆库里没有合适的材料，梦导就要凭借想象来制造材料，这个过程我称其为"想象构材原理"。梦境画面材料只有这两个来源。

记忆库里究竟有哪些东西？记忆库有两样东西：一是经验（包括体验）；二是知识。取材于经验，就是生活经验原理，取材于知识，就是运用知识原理。几乎每个梦都要运用梦者的生活经验，即使是运用知识来构筑情节，其中也少不了经验。那些科学家们的灵感之梦，大多运用知识原理来构筑梦剧。门捷列夫做的"飞舞的扑克牌"之梦、洛伊做的"实验方案"之梦，主要不是运用其生活经验，而是运用其知识来构筑梦剧主要情节的。但在构筑情节时，也少不了运用其经验。例如，门捷列夫梦中的扑克牌，洛伊梦中的青蛙，都来自其生活经验。所以，每个人的经验和知识不同，构筑出来的梦境也就不同。例如，由于儿童的经验和知识简单，所以他们做出来的梦就必定简单。

如果记忆库里没有梦导所需要的材料，梦导就要运用想象能力来制造材料。神话梦、想象梦的材料大多来自梦导的想象。例如，"人变鸡之梦""火中洗浴之梦""世界末日之梦""拉二胡之梦"等，主要不是运用生活经验原理来取材，而是运用想象构材原理来制造材料的。

（3）梦剧创作原理小集

梦剧创作中还要使用各种来自思维运作上或生理上的原理。在第二章的观摩中，我们分散地进行了探索，现在加以汇总。

在观摩梦剧的创作中，提出了梦剧创作即编即演原理、服务主题不择手段原理、梦剧创作的联想原理（关系联想、同类联想等）、推理原理、基点发散原理、梦中对话原理，还有重要的身貌可分离原理、身份置换原理、强思

入梦原理等。刺激梦创作的找理由原理是最重要梦剧创作原理之一。

服务主题原理应是最重要的梦剧创作原理。梦的情节不论如何虚构，都要紧紧扣住梦剧的主题。一切与主题无关的材料都要舍弃，哪怕是梦点材料，若与主题无关，也要弃之不用。例如，梦例 3 "吸烟之梦" 中，主题是 "我" 对 SU 的美好回忆。为了服务这个主题，梦导使用梦点切换思路，将梦点刘吸烟舍弃而以 SU 吸烟为线索来构筑梦剧。SU 在四川时是不吸烟的，到海南后是否吸烟，我也不知道。为了服务主题，梦导使用强加于人的手法，竟让不吸烟的 SU 吸烟了。为了服务主题，梦导几乎不择手段了。在梦例 4 "学生违纪之梦" 的创作中，梦导为了证明学校处理学生违纪的尺度把握得很糟糕，竟使出了 "禁言禁忌" 的艺术手法，构筑了不是违纪的违纪事件来证明。这也是为服务主题而不择手段了。

梦例 2 中介绍的梦中对话原理，揭开了梦中对话的秘密。梦中，梦者 "我" 与对话方的对话过程都出自同一个大脑，"我" 为什么不知道对方下一句对话的内容呢？这个问题曾使我思索很久而不得其解。后来我在其他梦例的解析中发现了即编即演的原理，并将这个原理运用于梦中对话过程，才解开了这个谜。在这谜未解前，似乎总觉得梦中有个神秘的人在指挥 "我" 的对话方与 "我" 对话，因此不经深度思考，是发现不了梦的秘密的。

在梦例 17 中，"我" 心中认定的是孙中山，而思维屏幕上显现的是 W 的形象，这个人究竟是孙中山还是 W 呢？是孙中山，因为 "我" 认定的就是孙中山。从此梦例中总结了 "身貌可分离原理"，这是极其重要的梦剧创作原理。梦中角色变换、张冠李戴的艺术手法频繁地被使用，我们被这些变换、替代弄得莫名其妙。在这些变换、替代中，有些是梦导故意张冠李戴的，有些是在记忆库里检测人物形象时发生错误而造成的。

身份置换原理特别要引起读者的注意，这是做噩梦或美梦的重要原因之一。梦者的身份被别人或动物替代了，是代人受过，或代人快乐；也有别人来代替梦者来受过或快乐的。身份置换原理与身貌分离原理是不同的。身貌分离原理通常应用在梦剧中的他人身上，而不是应用在梦者身上；而身份置换原理是应用在梦者身上的。梦例 18 "吓醒之梦" 中，"我" 替代受冤屈的女人在梦中表演。在梦例 19 "挨打之梦" 的开场剧情中，是 Y 代替 "我" 挨打。在"庄周梦蝶"中，庄周变成了蝴蝶，他像蝴蝶那样享受自在和快乐。要是梦中梦者替代梅花鹿被老虎追捕，那就要被吓得魂飞魄散了。

强思入梦原理是又一个值得重视的原理。这是从非常简单的梦例6"九宫格之梦"的分析中发现的。醒态下我们强烈关注、强烈思念、强烈思考的对象、活动，蒙态下会进入梦剧中，被梦导用梦幻艺术的形式表演出来。梦者在梦剧中的体验、认知与醒态下的体验、认知可能相同，也可能很不相同，造成误解的可能性较大。如果根据误解付诸行动，那么很可能会带来不好的结果。

找理由原理是创作刺激梦的主要原理，是我们解析刺激梦的法宝。其实，在醒态下的艺术创作中，有时也应用找理由原理，即给表演角色的活动一个正当的理由。

联想原理和推理原理几乎运用在每个梦剧的创作中。我们人类具有强大的联想智力和推理智力，这两种智力运用在我们绝大部分的思维和行为中，它们被梦导用来构筑梦剧情节是很自然的。梦剧创作应该还有其他很多原理等待析梦者去发现。

我们列举了以上梦剧创作原理，这些原理透视出来的是什么东西？是蒙态下的思维规律或思维现象。这是人类本来就具有的智力而被梦导应用了。哲学家们从人类醒态下的思维活动和行为活动中去发现和总结人类的思维规律或思维现象，其实，从蒙态下的思维活动——梦剧的创作活动和表演活动中，也可以发现和总结出人类的思维规律或思维现象。梦剧创作和演出依据的是人类最原始、最基本的思维能力。梦剧理论也应是最原始、最基本的艺术理论。

四　解梦的意义

有些病梦、痛梦有疾病预兆作用，需要引起高度重视。

在续演梦中，有些科学家获得了发现或发明的灵感。我们普通人也有机会在梦中获得发现或发明的灵感，但你要知道如何抓住稍纵即逝的机会。

梦活动是梦剧的艺术创作和演出活动，是集（剧本作者、导演、演员、观众）"影视四员"身份于梦主人一身的奇特艺术活动，是极端虚幻而缥缈的人类虚真精神活动。所谓虚真精神活动，是指人做梦时以为梦中的活动是真实的活动，而其实是虚拟的活动。将虚拟的精神活动当作真实的精神活动就叫虚真精神活动。人类的虚真艺术活动与实真艺术活动既有虚与实、真与假的最大区别，又有着千丝万缕的关系。梦剧的虚真精神活动迷惑了人类数万年，直到本书才真正揭开了它的神秘面纱，将梦剧的启动、创作和演出的虚真真相大白于天下，推开了梦幻艺术殿堂的大门，让人们能欣赏到由自己创作和演出的许多梦幻艺术作品，欣赏到自己的艺术创作的惊人智慧。这是人类惊人的自我发现之一。亲爱的读者，难道你不想从梦中发现自己吗？难道不想欣赏自己创作的梦幻艺术作品吗？难道不想从析梦中发现自己的艺术才华、发现自己的思维能力纵横捭阖的表现吗？难道不想从析梦中进一步提高自己的思维能力吗？如此奇特、奇幻的艺术如果不去欣赏或不会欣赏，那不是一种遗憾吗？

大部分人也许会说，不是每晚都做梦，只是偶尔做梦，只有极少数的梦才记得。这种说法是对的。这得益于灵动神经系统的进化机制。灵动神经系统的进化机制是这样设计的：灵动神经系统不能像自动神经系统那样一直不停地工作，它工作一段时间后必须休息一段时间，再工作一段时间再休息一段时间，以"工作—休息"的节律反复交替进行的周期振荡形式而存在，才能既保持自己的工作活力又保障了自己的健康。所以灵动系统以"觉醒态—睡眠态"节律交替进行的周期而存在。显然，睡眠是为了消除灵动系统在工作时产生的神经工作生理垃圾，这样，既保障了灵动系统的健康，又恢复了灵动系统的活力。但是灵动系统在睡眠中也不能连续深睡七八个小时，因为那样也会积累大量的神经休息生理垃圾而危害自己。于是进化设计要求深睡一段时间就要活动片刻作为调节，再深睡一段时间，再活动片刻，一整晚的睡眠就以"深睡—活动"的节律交替四五个回合地进行。灵动系统在睡眠中作活动的片刻，就是工作，要进行信息加工。由于是在睡眠中的蒙状态，外界真实世界的信息通道关闭了，灵动系统只能进行虚真精神活动，即进行梦剧的创作和演出活动。这些虚拟的故事，对灵动系统本身来说，大多意义可能不大，灵动系统不需要都记住它们，以节省宝贵的记忆空间。灵动系统的主要职责是实真活动，而它的虚真活动仅仅是为了健康在睡眠中所做的调节活动而已。虚真活动本身是为了健康而做的调节活动，但虚真活动的作品对灵动系统意义不是很大。于是进化机制设计要求将这些虚真活动编创的故事尽可能地忘掉它们：刚醒来还处于迷迷糊糊状态时，只要身体动作幅度稍微大一些，就将梦境粉碎，就忘掉了。但是，重要的梦境，灵动系统因为已经处于半醒状态会知道它的意义，灵动系统会让人惊醒过来的。例如，德国化学家凯库勒做发现苯环之梦时，就"似触电一样醒来"。极易忘掉绝大部分梦剧的进化设计，是对人的保护。所以很多人不知道自己做了梦，即使知道做了梦，也只有零星的印象。不知道做了梦，或将梦境主要内容忘了，省了很多事。科学家发现每晚四五次梦活动，每次 5~20 分钟。根据我所做的梦剧记录，每个梦剧大约只有 1 分钟（但 1 分钟梦活动可以演出 60 分钟的梦剧故事），那么一次梦活动可有 5~20 梦剧，一个晚上如果做梦 4 次，就有 20~80 个梦剧，取平均数 50 个。如果梦境像白天那样不会忘记，每天有 50 个稀奇古怪的梦剧，而且都与自己息息相关，那定会严重干扰人的思维。一天有 50 个梦剧，一年有 18250 个梦剧故事，一生有百万以上的梦剧故事记在脑中，太浪费记忆空间了，也太干扰人的思维了。灵动神经系统的进化机制节省了大量的记忆空间，也让人省略了大量的烦恼。进化机制的设计总是那么奇妙而且恰到好处，好像神安排的一样。

　　虽然人们忘掉了大部分的梦，但每个人总有一些难以忘怀的梦。当然，你可以不看戏剧、电视，可以不欣赏一切艺术，这丝毫都不影响你的生活；那么，你不去解梦，不想知道梦的机理，是不是也丝毫不影响你的生活呢？情况可能未必总是如此。人人都想知道自己的梦究竟是怎么回事，这其中除了好奇因素外，可能还有些梦给自己带来了一些影响。实验室研究表明，每个人每晚有 4~5 次梦活动。这就是说，梦伴随人的每一天，伴随人的一生。对于这样与自己的生活、生命紧密相伴的梦，了解它的机理是多么重要。有时梦中发生的事情可能对梦者有较大的甚至严重的影响。如果梦中你的胸部被你的仇人打了一拳，梦中会感到胸部很痛，梦后你千万不要去算计你的仇人，而要关注你的胸部是否有病变。梦中你逝去的亲人向你要钱，梦后你赶紧去烧冥钱，这倒不要紧；如果梦中逝去的亲人要你去报仇，梦后你如果真的算计着要去报仇，那问题可大了。如果梦中自己打牌赢了很多钱，梦后真以为自己财运来了，就一门心思地扑向牌局，那很可能会导致不小的经济损失，因为从来没有见过赌博可以发财的例子。梦中角色变换是常见现象，有时同一个梦剧中角色变换几次。如果不懂得梦剧角色变换原理，极有可能会给梦者带来困扰。还有身份置换梦更值得人警觉，这样的梦往往会把人弄得晕头转向，或被吓得大汗淋漓。就像我在梦例 18 "吓醒之梦"中那样，顶替被冤屈的妇女在梦中演出。如果不懂得梦剧理论，就会感到莫名其妙。

有些人不想费尽心思地去记录梦、解梦，这可以理解，但要知道，正确的梦理论是人生中不可或缺的知识。每个年轻人可能都做过性梦，甚至做过乱伦梦。如果不知道性梦、乱伦梦的原理，很可能会给他们带来不必要的烦恼和恐慌。每个人可能做过"代人受过"梦，不懂得梦的原理，也会产生恐慌。至于疾病预兆之梦，更应该引起足够的重视。每个家庭的子女在一代又一代地成长，他们做的各种各样的梦可能给他们带来各种各样的烦恼或恐慌。如果你读过本书后，想口头向你的子女讲解梦的原理，很可能会失败，因为不是几句话就能将梦的原理讲清的。你如果想用几天时间向子女详细讲解本书，你的子女有没有耐心听你讲，你讲得是否全面、准确，这恐怕是很现实的问题。你还不如将本书让他们自己看，让他们仔细阅读远远胜过你的口头讲解。所以，此书应是每个家庭的必备之书。因此我建议读者，将本书推荐给你的亲朋好友、你的同学、同事、战友、你的学生和你的"粉丝"，让他们及他们的后代也掌握这门人生必修课。

第四章　梦中一些问题的解答

1　做梦的速度为什么极快

梦剧创作和演出的速度就是我们思考的速度，而且梦中思考的速度应比白天的思考速度还要快一些。白天觉醒态思考受到了两个约束：一是现实的约束；二是判断检索正确与否的约束。白天在参与事件的过程中，我们的思考只能围绕真实事件的演变进程来进行，思考速度不可能快；思维平台在思考过程中与记忆库有大量的互动，从记忆库中搜索出来的信息，思维平台还要判断是否正确，是否合用，这也影响了思考速度。梦剧创作和演出既不受现实的约束，又不受从记忆库输入的信息正确与否的检查的约束，是比较自由的创作，所以思考速度极快。如果梦中有对话，那是用内语进行的，而白天的对话是用有声语言进行的。内语比有声语言要快很多。此外，梦境中除了对话情节，基本是图像切换过程，图像切换的速度极快。这从电视图像切换就可以看出。

思维平台思考的过程就是思维平台信息加工的过程，而脑中信息加工的速度是生物电速度，即神经冲动传导或传递的速度，其中神经冲动传导的速度比神经传递的速度还要快。● 无论是传导还是传递，都是以秒为单位进行的。神经纤维分为 A、B、C 三类。A 类又分为几个亚类，速度从 6~120 米/秒。B 类传导速度为 3~15 米/秒。可见，思台信息加工的速度是以秒为单位的。但思台在处理外界事件的信息时，受到外界事件进程的约束。例如在自己与他人的对话中，受到两个人思考时间的约束、说话快慢的约束以及双方说话风格的约束等，使得思台无法以秒速处理事件。人们通常说，我与他聊了几分钟。可见，人们是以分钟为单位来把握时间的。更为关键的是，我们对时间的感知是依据感知觉经验的。白天我们感知自身活动的时间是以分钟为单位的，这是一种感知时间的经验。我们将这种经验也运用到感知梦活动的时间，须知：梦活动演出的时间是以秒为单位的！1 分钟 = 60 秒。所以，梦中感知的时间与真实的时间，理论上有 60 倍之差。

关于做梦的速度，弗洛伊德《梦的解析》一书中记载了一个极好的例子，现介绍如下。

剧作家波佐做的梦。某个傍晚，波佐想要去观看他剧本的第一次演出，但他是那样的疲倦以致当戏幕拉起的时候，他就打瞌睡。在睡梦中，他看完他全戏的五幕，以及各幕上演时观众们的情绪表现。在戏演完后，他很高兴听到激烈的鼓掌，并且听到观众高叫他的名字。突然他醒来了，但他不能相信自己的耳朵或眼睛，因为戏不过才上演第一幕的头几句话。他睡着的时间不会超过两分钟。

五幕剧，梦中不到两分钟就演完了，这就是梦剧演出的速度。虽然我们不知道那五幕剧具体演出时间是多少，估计在两个小时左右。那么，剧目在梦中演出的速度与剧目真实演出的速度之比是 2 : 120 = 1 : 60。这与理论计算比较吻合。由此判断，做梦 1 分钟，梦剧可以演出 60 分钟的事件。我们每个人都可能有这样的做梦经验：已经模模糊糊地醒来了，但接着又睡着了，此时做了一个梦，感知梦中事件还比较长。其实，这个梦只有一两分钟而已。

由于梦导思考速度极快，它有周全、细密安排剧情的时间余地。所以前面我说过，梦剧的创作不是粗制滥造，而是细致缜密的创作。

● 神经传导通道与神经传递通道是两种不同的神经信息通道。

2　梦中为什么总是跑不动、喊不出

由大脑和脊髓发出的神经纤维不是直接到达言语和行动的器官，而是先到达神经节或中间神经元。这些神经节或中间神经元被称为"使动系统"，见附录二"人的思维功能团结构"。睡眠中使动系统的信息通道 11 被关闭了。梦中，思维平台已经由通道 6 向使动系统 SD 发出了"跑"或"喊"的指令，使动系统是神经节，由于其下行的神经通道 11 被关闭，指令传到神经节就停止了，被下行神经控制的肌肉系统接不到运动的指挥信号，肌肉不能动作，所以跑不动、喊不出。但是，肌肉没有动作的情况通过通道 12、13 被思维平台觉知，所以我们知道了跑不动、喊不出的情况。思维平台发出的要跑或喊的指令，由通道 6 被使动系 SD 接受，然后由通过通道 10、13 被思台觉知。这使我们知道，自己是想跑或喊的。综合看，由通道 6-10-13，我们知道想跑或喊；由于通道 11 被关闭，我们跑不动、喊不出，这一状态的信息，由通道 12-13，使我们又知道跑不动、喊不出。野兽来了，或坏人来了，我们想喊喊不出、想跑跑不动，这使梦中的我们急得大汗淋漓。尿不出、手无力等梦境情节，也是同一个道理。

写到这里，使我想到了夜游症患者。患者睡眠时通道 11 没关闭或关闭不完全，所以能走动。小孩又是另一回事。婴儿的抑制能力很弱，睡眠时，通道 11 没关闭，所以小便随时排出，幼儿也基本如此。学龄前儿童，睡眠中常常会爬起来，都是这个原因。这里想提醒某些家长：有些家长怕麻烦，小孩都三四岁了，还一直给小孩使用"尿不湿"尿片，而没有锻炼小孩控制小便的能力。这样的孩子，有的到七八岁了，还经常尿床，因为他没有锻炼尿路括约肌的能力。老年人控制通道 11 的能力也在减弱，睡梦中常常能说出声音，有时说话声音还很大。

3　梦中为什么会被吓醒

从附录二中的"思维官能团结构"中知道，在梦态，情感系 QG 的所有进出通道都没有关闭，与醒态下完全相同。所以，梦境中的情感反应与清醒时的情感反应是相同的。惊恐或逃遁来不及，就会吓醒。

4 梦里的事与现实总是反的吗

在中国有很多人认为，梦里的事与真实的事总是反的。梦到病了，说明身体很好；梦到身体好，说明身体有病；梦到发财了，或许就要破财了；梦到不成功，或许就要成功了，等等。有些解梦的书也这样说，还说的颇有道理似的。从梦剧创作的五大规则看，这种说法没有任何根据。担心、期望某些事件，这些事件也许会入梦，并成为梦剧要反映的心情。梦导要以这心情为梦剧主题进行创作。创作的结果也许与自己白天所预想的一致，也许与白天预想的不一致。实际上，人们在担心或期望时，通常会做如意、不如意、无所谓等设想，极少有人只做一种设想。几种设想，就成为梦导创作的几种思路，梦导只能采用其中的一种设想而创作梦剧。当真实事件发生时，或许与梦相同，或许与梦相反。

5 梦中的时间和空间为什么会随意变换

我们都知道，时间和空间对梦没有任何约束，梦境一会儿东，一会儿西，一会儿快，一会儿慢，在梦导那儿，似乎不存在时间和空间。其中的原因在于：时间和空间对于人来说仅仅是一种感知。当你不用心去感知它时，它对于你来说，就"不存在"。我们总是说，时间悄悄地溜走了。我们在用心工作的时候，根本就没有去感知时间的流逝，当这项活动结束时，才去感知时间，这才发觉，时间可能很长了。我们都知道，热恋缠绵中的人，根本就不知道时间在流逝，因为他们全部注意力都投入情意缠绵中，丝毫都没有去感知时间。我们有时觉得时间过得很快，有时又觉得时间过得很慢。可见，在清醒状态下，时间对于我们的感知来说，也是随意变换的。前文说过，思台中有许多思维工具，其中有种工具叫感觉和知觉（合称感知觉）。我们及动物认识外部世界时，用的就是感知觉思维工具。我们对时间和空间的认识，就是通过感知觉来把握的。

现在我们知道，睡眠中，我们的感觉器官的信息通道 0 被关闭了，所以无法去感知时间和空间，所以梦导没有时间和空间的"观念"。梦剧的演出与电视的演出极其相似，电视中的画面也是一会儿东，一会儿西，一会儿快，一会儿慢。梦剧和电视的画面都是不断地切换，根本不管什么空间、时间。所以，梦剧导演与电视导演使用的是相同手法。

6　怎样记住梦

较完整地记录梦境是解梦的前提，只记得梦境的零碎片段是无法解梦的。较完整地记录梦是解梦的第一道难关，这道难关也是较难闯过去的。出于研究梦的坚定意志，必须要突破这道关隘，作者经过较长时间的摸索终于逐步掌握了这一"技术"。掌握了记录梦的技术后，才能记录到较多的梦例。有了一定数量的梦例后，才有研究梦的资料。为什么梦境很难被记住呢？那是有原因的。

梦是灵动神经系统（见附录二）处于蒙状态下的活动，能记住的梦基本上都是醒来梦。蒙状态是跨界状态，是灵动神经系统从深度抑制状态，渐渐到浅抑制状态，再到渐渐清醒，最后完全清醒的过程，梦就发生在这个连续的过程中。不过，这个过程的实际时间并不很长。醒来梦的状态就像万花筒中看到的图景，稍微摇动，图景就变了一些，稍大的摇动，图景就变化更大一些，如果有大幅度的摇动，那图景就完全碎了。有人可能没看过万花筒。万花筒犹如一盆静水中倒影的天空云彩，稍有扰动，画面就会有小的晃动及变形，大一点的破坏，画面就全碎了。梦也与此相似，当你醒来时，如果稍稍动了动身子、手脚，梦就会忘掉一些；如果动作大，梦就完全记不住了。因此，要记住梦，当觉知到自己醒了时，身体必须一动不动，此时马上回忆梦境，从近到远，反复回忆几遍，直到确认记住了最近一段梦，赶紧起床拿笔记下来。当你用笔记录时，还会忘记一些内容，再回忆几遍，补充笔记。只有这样，才能将梦记得尽量完整一些。即使这样，可能还有遗漏，过一天还有可能想起一些内容。所以记录梦也不是一件容易的事。这是我二十多年来记梦的经验，因为我要揭开梦的秘密，必须下决心尽量收集比较详细的第一手资料。这里还有一个重要问题要告知读者：有些梦在起床前回忆时，发现只是一些鸡毛蒜皮的小事，觉得意义不大，梦的情节也很简短，此时就放弃回忆了，即使记住了，起床后也没有拿笔记下来。这是非常可惜的。就因为觉得意义不大而放弃回忆或记录，我已经吃过几次大亏了。读者看到，本书中所举梦例都很简短，表面看，都是一些不值一提的小事，而这些简短的梦却深藏奥秘。

光用笔记住梦意义是不大的，最多和别人说说你的梦的奇幻而已。记住梦的目的是解开梦，而解梦的法宝是造梦的五大规则，尤其是梦点规则和心情规则。如果你回忆不起梦点和近期与梦点有关的心情，解这个梦的条件就不具备，此梦就解不了。这如同解物理方程，如果题目给出的解题条件不具备或不充分，这道物理方程就解不了。不过，跳思梦的梦点是极难找到的。但心情应当可以找到的，心情规则是梦剧创作的中心规则，只要能回忆起近期的主要心情，即使跳思梦都有被解开的可能。所以，记住梦后，最好当天，或近几天，必须仔细回忆梦点和心情。有些梦点是微不足道的小事，例如，接到一个电话，或白天的跳思回忆到一个人，或电视中的一段情节画面，或在外面看到的某种自己没见过的东西，或外面发生了某件令你感叹的事件，或书中某个使你印象深刻的段落，等等，都可能成为梦点。与梦点有关的心情也很多，近期有什么较重要的大事使你关心、烦心、操心等心情，是重要心情；但还有一些并不重要的心情，例如，回忆到一个人，想起了与他交往时的某件印象较深的往事当时给自己留下的认识或情感，一个电视情节当时引起了自己的某种关切，与别人聊天时并不重要的内容可能引起了自己的某种感慨，等等，都可能是梦中的心情。读者可以从本书的梦例中，启发自己怎样寻找梦点和心情。

不过，这里还有个重要的补充。一次做梦，不是只有一个故事，而往往是几个故事连续上演的，每个故事都很简短。一个故事反映一种心情，几个故事就反映了几种心情了，这些故事反映的心情基本是不同的。因此，必须善于将连续上演的几个梦剧分辨出来。

7 每个梦都可解吗

此问题有两点结论：第一，从梦剧理论上说，每个梦都是可解的；第二，从实践上说，不是每个梦都可解的。梦的秘密已被本书揭开，梦的理论已经基本建立，所以，从理论上说，每个梦都是可解的。但是，从实践上说，并不是每个梦都能解。有的梦解不了，并不是梦的原理、秘密没揭开，而是有两方面的原因造成的：一方面，有些梦例的解梦条件不完备。解析梦例的条件只有两个，即梦点和心情，其中心情是最主要的。如果回忆不起梦点和心情，尤其是心情，那这个梦例就解不了。从我自己的解梦经验看，有些梦的心情或梦点就是回忆不出来，原因可能有两个：一是有些跳思引发的梦很难找到梦点和心情；二是梦情节记忆不完整。前文说过，早晨醒来时，身体动作很多，只要身体稍微一动，梦就会忘记一些，动作大，忘得更多。所以，起床后很多人根本就不知道自己做了梦。有的梦中有强烈的刺激，起床后个别情节还没有忘记，发觉自己做了梦。这样记住的梦极不完整，这样的梦就很难解了；第二方面，解梦的技能还不高。从本书的梦例解析看，知道了解梦的五大规则后，要解具体的梦例，还是极费脑筋的事。有些梦例比较好解，但有些梦例是很难解的，尤其同模异剧梦、身份置换梦没有极强的分析能力，就不会将风马牛不相及的两件事联系在一起。

解梦的思路有两种：一是正向解梦法；二是反向解梦法。首先找出心情，再由心情解析梦的情节、细节，这是正向解梦法。从梦的情节中，发现或推导出心情，这是反向解梦法。解梦大多用正向解梦法，较少用到反向法。在解析"颠倒真相之梦"时，开始怎么也不明白梦导为什么要颠倒事实真相，也不知道反映的是什么心情，后来反复分析梦的情节，推敲梦导的用意，才发现了梦导的激将法手法，然后再由激将法手法反推，才发现梦导要反映的是我的未成功而焦虑的心情。还有"火中洗浴之梦"，也是用反向解梦法解出来的，从梦情节找到梦剧的主题。由梦情节反向找到梦剧要反映的心情，是很难想到的解梦思路。需要用反向解梦法解析的梦例都属于难解之梦。虽然我发现了一些梦剧创作的原理、手法，积累了一些解梦的经验，但我不敢说自己的解梦技能就很高了，如有需要，今后还要继续完善梦的理论，进一步提高解梦的技能。

有了正确的解梦理论后，解梦的最大困难在于记录完整的梦境和回忆梦点、心情。这是我的体会。将梦境完整地记录下来是件不太容易的事。当刚刚觉知自己醒来时，其时并没有完全清醒，还未想到要记录梦，此时身体动作可能较多，破坏了梦境的完整性，只留下了个别的梦境，而且前后情节模糊一片。记录梦境的困难在于它是稍纵即逝的问题。此外，即使将梦境记录下来了，回忆梦点和心情也不是件很容易的事，但这没有记录梦那样困难，因为这不是稍纵即逝的问题。找不到梦点、心情，记录了梦境也无意义。

从梦剧的理论看，梦最好由自己来解。记录梦、回忆梦点和心情，分析梦的主题、情节等，只有自己最清楚。不是说别人不能帮助解梦，而是说请别人解要麻烦很多，你必须要介绍一系列情况，别人才有可能解开梦。

外一章　关于弗洛伊德
《梦的解析》一书的观点之我见

中国国际文化出版公司 1996 年出版的西格蒙德·弗洛伊德（Sigmumd Freud）《梦的解析》（丹宁译）一书的"本书介绍"是这样来介绍的："本书是精神分析学鼻祖弗洛伊德博士划时代的不朽巨著。1956 年美国唐斯博士列为'改变历史的书'之一，可见世人对它的重视。这是一部与达尔文的《物种起源》及哥白尼的《天体运行论》同列为人类三大思想革命的书。此书是世界上第一本以科学方法来分析研究'梦'的著作。弗氏对梦的科学性探索与解释，不仅揭开人类几千年来对于梦的迷信、无知和神秘感，而且进一步发掘了人性的真正主宰——'潜意识'。弗氏以他那天才式的推论及流畅的神笔，举出数百个有趣的梦例，以平易轻松的手法详细分析解说了梦的深邃含义。人为什么会做梦？为什么做种种奇奇怪怪的梦？梦的意义何在？梦的原动力何在？看过本书后我们将不难了解人类心灵的奥秘。本书是一本现代人非读不可的最具价值的时代巨作。"

此书评价之高，影响之大，令我瞠目结舌。我想，在此书获得最高评价以后的每个再想析梦的人必须对此著做出自己的评价。弗氏究竟是怎样解梦的呢？现在我简短地予以介绍。

一 弗氏解梦法之一：联想解梦法

弗氏举的第一个梦例，是他自己的梦，是叫"伊玛打针"的梦。该梦的解析有8页多，太长，故不介绍了。弗氏例举自己的第二个梦，是关于"R先生"的梦，但书中没有该梦的完整记录，只是介绍一句分析一句，再介绍一句再分析一句，我无法摘取，我不知道弗氏为什么不将该梦的完整记录写出来。弗氏举的第三个梦例，是叫"植物学专论"的梦，是他自己的梦，现在介绍之。

书的第172—173页记载了弗氏自己的梦："我写了一本有关某科植物的专论，这部书正摆在我面前。我正翻阅着一张皱皮的彩色图片。这书里夹有一片已脱水的植物标本，看来就像是一本植物标本收集簿。"这个梦例就这么简单。

弗氏对此梦的分析摘录如下：

这梦的最显著成分即在于植物学专论。这由当天的实际经验所得。当天我的确曾在一书店的橱窗看到一本有关"樱草属"的专论。但，在梦中并未提到这"属"，只有"专论"与"植物学"的关系遗留下来。这"植物学专论"马上使我想到我曾经发表过的有关"可卡因"的研究，而"可卡因"又引导我的思路走向一种叫作《纪念文集》的刊物以及另一个人物"柯尼斯坦医师"——我的挚友，一位眼科专家，他对可卡因之临床应用于局部麻醉颇有功劳。还有，由柯尼斯坦医师又使我联想起，我曾与他在当天晚上谈过一阵子，又为别人所中断。当时所谈涉及外科、内科几位同事间的报酬问题。于是，我发觉这谈话的内容才是真正的"梦刺激"，而有关樱草属的"专论"虽是真实的事件，但却是无关宏旨的小插曲而已。现在我才看出来，"植物学专论"只是被用来充作当天两件经验的共同工具，利用这无关宏旨的真实印象，而把这些极具心理意义的经验以这种最迂回的联系合成一物。

然而，并非只有植物学专论的整个合成的意念才有意义，就是"植物学""专论"等各个字眼分开来逐个层层联想也可引起扑朔迷离的各种"梦思"。由"植物学"使我联想到一大堆人物，格尔特聂教授（Prof. Garner）及其"华容玉貌"的太太，一位名叫"弗罗拉"（Flora）的女病人，以及另一位我告诉她有关"遗忘的花"的妇人。由格尔特聂这人，再度又使我联想到"实验室"以及与科尼斯坦的谈话，还有这谈话中所涉及的两位女性。由那与花有关的女人，我又联想到两件事：我太太最喜爱的花以及我匆匆一瞥所看到的那本专论的标题，更进一层地，我联想到在中学时代的小插曲，大学的考试以及另一崭新的意念——有关我的嗜好（这曾由上述的对话中浮现出来），再利用由"遗忘的花"所联想到的"我最喜爱的花——向日葵"而予以联系起来。而且由"向日葵"，一方面使我回想起意大利之旅游，另一方面又使我忆及童年第一次触发我日后读书的景象。因此，"植物学"就是这梦的关键核心，而且成为各种思路的交会点。并且，我能证明出这些思路均可从当天的对话内容中一一找出联系。现在，我们就恍如在思潮的工厂里，正从事着"纺织工的大作"：

"小织梭来回穿线，一次过去，便编织了千条线。"

在梦中的"专论"再度涉及两件题材，一端是我研究工作的性质，而另一端却是我的嗜好的昂贵。

……

由那"彩色图片"引入另外一个新的题目——同事们对我的研究所做的批评，以及梦中所已涉及的我的嗜好问题，还有更远溯到我童年时曾经将彩色图片撕成碎片的记忆。"已脱水的植物标本"牵扯到我中学时收集植物标本的经验，而特别予以强调。

弗氏花了那么多笔墨析梦，此梦的梦点是什么？此梦要表达的主题是什么？都没有指出来。弗氏梦的学说最核心的论点是"梦是愿望的达成"，此梦达成了弗氏的什么愿望？弗氏分析中没有交代。析梦中弗氏列举了那么多人、几次回想到童年时代，中学时代，大学时代的许许多多事件，还有旅游、同事们对他的评价、工作性质、嗜好等，这些与梦的情节有什么关系？梦中没有展示的人物、事件，没完没了地写了那么多有什么意义？弗氏连此梦的主题都不明白，更遑论梦导使用的设计原理、艺术手法、取材原则了。弗氏的书中对自己所做的梦的分析都是这样自由联想、随意择取的。弗氏对自己所做的梦的解析都由"一大堆人物"、跨越弗氏整个人生经历中所能回忆起的许许多多事件而构成。可以说，爱怎么联想就怎么联想，随意择取记忆中的各种事件来析梦。"即是以区区一个梦内容却要表现出性质不相同各种思想与愿望来"（230页），即使这样，"一个人永远无法确定地说他已将整个梦完完全全地解释出来了"（169页）。为什么"永远无法……完完全全地解释出来"呢？因为日后可能又回忆起某件事，也可以加入该梦的解析中，回忆无止境，该梦的解释就无止境。

但我也不否认，梦导创作该梦时，可能想到了弗氏事后介绍的所有事件中的极少数事件，但不可能是弗氏介绍的所有人物和事件。弗氏也发觉了自己的这种自由联想解梦法的问题："我们不需要把所有解析工作的联想都视为夜间之梦的运作。"（381页）这说明，弗氏知道，他梦后的种种联想与梦导设计梦的情节没有多大关系。所以，他梦后的那么多的联想与解梦基本没有关联。自由联想解梦法是应基本得到肯定的方法，因为解梦必定要联系有关事件才能解释。但是，不能像弗氏那样无限制地联想。所以，这种无限制自由联想解梦法是浪费读者的时间、让读者不知所云的解梦法。更重要的是，弗式通过自己的联想解梦法，并没有揭示出梦导创作梦剧的原则、主题、创作手法、取材来源等秘密，或者说，并没有揭开梦的秘密。所以，弗氏的无限联想解梦法不过是以其昏昏，使人昭昭而已。

二　弗氏解梦法之二：象征解梦法

弗氏认定"如果不理会梦的象征，我们无法解释梦"（236页）。现在看看弗氏使用了哪些象征：

"所有长的物体——如木棍、树干以及雨伞（打开时则形容伞）也许代表着男性性器官，那些长而锋利的武器如刀、匕首及矛亦是一样。"（231页）

"箱子、皮箱、厨子、炉子则代表子宫。一些中空的东西如船，各种容器亦具有同样的意义。梦中的房子通常指女人，尤其是描述各个进出口时，这个解释更不容置疑了。"（231页）

"一个走过套房的梦则是逛窑子（妓院）或到后宫的意思。"（231页）

"当梦者发现一个熟悉的屋子变为两个，或者梦见两个房子（而这本来是一个的）时，我们发现这和童年时对性的好奇（探讨）有关。相反亦是一样。

在童年时候，女性的生殖器和肛门是被认为一个单一的区域——下部，后来才发现原来这个区域具有两个不同的开口和洞穴。"（231页）

"阶梯、梯子、楼梯或者是在上面上下走动都代表着性交行为——而梦者攀爬着光滑墙壁，或者由房屋的正面垂直下来（常常在很焦虑的状况下），则对应着直立的人体。"（232页）

"人的帽子常常可以确定是表示性器官——男性的"，"领带常常是阴茎的象征。"（232页）

"我确遇到了一个毫无疑问的例子，在这梦例中，'妹妹'代表着乳房而弟弟则代表着较大的乳房。"（234页）

"'被车碾过'来象征性交。"（237页）

"向下爬也是代表在阴道内性交。"（241页）

"阴唇和围绕着口的嘴唇相似，把鼻子和阴唇相比是常见的。"（261页）

"在许多关于风景及地方的梦中，梦者都这么强调：我以前到过这地方。（此种'似曾见过'在梦中具有特殊的意义）这些地方恒常指梦者母亲的生殖器官：因为再也没有别的地方可以让人有此种确定——认为他以前到过。"（270页）

"谁会想到下面这个梦是具有性的意愿呢？梦者这么说：在两个富丽堂皇的皇宫后面一点有一个门户闭锁的小屋。太太带我走过通往小路的途径后把门打开，于是我很容易也很快地溜入内部的庭院，那里有个斜斜的上坡。任何一位具有少许翻译梦的经验者立刻就会想到穿入狭窄的空间，以及打开闭锁的门户都是最常见的性的象征，因而知道此梦代表着肛门性交的意愿（在女性的两个堂皇的臀之间）。那个狭窄而导向斜斜上倾的。当然是阴道。"（269页）

该书中还有很多有关象征"性器官""性活动""性想象"的文字，我就不再列举了。相信我的读者们已经了解了弗氏的象征法解梦的逻辑思路。读者们是否认可弗氏的象征法解梦，我无法预料。笔者是不相信这种所谓的象征法解梦方法的。我也不完全排除梦中有可能存在某些象征意义，但我不认可任何梦都由象征事件构成。

三 弗氏两种解梦法的矛盾

不知我的读者是否发现了弗氏的两种解梦法之间的矛盾之处。弗氏在解释他自己的梦时，用的是无限联想解梦法，而不用性的象征法；在解释别人的梦时，用的不是无限联想解梦法，而都是象征法，而且总是用"性"来解释的。问题是，弗氏宣称"如果不理会梦的象征，我们无法解释梦"（236页）。弗氏用无限联想法解自己的"植物学专论"的梦时不用象征法，不是"解了"自己的梦吗？

弗洛伊德为什么会发生顾此失彼的低级错误呢？其实，弗氏已经发现了无限联想解梦法的问题，他说："我们不需要把所有解析工作的联想都视为夜间之梦的运作。"（381页）弗氏既然发现了他的解析与梦导的创作不一致的问题，为什么还要坚持无限联想解梦法呢？这里藏着弗氏的一个未言之秘密：只有无限联想解梦法才能"证明"并推销他的关于梦的一大套所谓的理论，什么检查制度呀，什么两个步骤呀，什么禁制呀，还有什么潜意识、前意识、意识、超意识、下意识呀，等等，尤其潜意识、压抑的概念，在精神分析学家们的思想上几乎已成为共识。这一大套所谓的梦的理论用象征解梦法就无法推销了，因为象征法是非常简单的方法，就像翻看密码本进行对照那样的简单，无法赋予那么多理论的意义。为什么弗氏在运用无限联想法解梦时用的都是自己的梦例，而不用别人的梦例？原因是：用自己的梦例，自己就可以爱怎么联想就怎么联想，只有这样才能找到"证明"其理论的证据；用别人的梦例达不到这个技术要求，别人不可能按照弗氏的要求联想到这个，又联想到那个，联想到一大堆人物、联想到一长串事件、联想到整个人生经历。

既然无限联想法解梦如此管用，弗氏为什么又极力推销象征解梦法呢？这里又藏着弗氏的另一个未言之秘密：只有象征法解梦，才能推销他的另一个重要理论——泛性论。据说，弗氏认为，性是人的行为总动力，人从一出生开始，就由性作为总动力支配着自己的行为。婴儿吃奶、拉屎、尿尿都是性的表现，什么性的口腔阶段、性的肛门阶段，等等；还有什么俄狄浦斯情结、厄勒克特拉情结；每个男孩的第一个性对象是母亲，每个女孩的第一个性对象是父亲，男孩希望与自己的母亲性交，等等。所以，在《梦的解析》

一书中，弗氏列举了许多关于性器官、性交的象征。在象征解梦法的梦例中，都是象征"性"的。注意，弗氏在推销象征法解梦法时，用的都是别人的梦例，而不用自己的梦例。这与无限联想法解梦时用的梦例正好相反，无限联想解梦法用的都是他自己的梦例，而不用别人的梦例。这是为什么？因为象征解梦法是用来推销他的性理论的，如果用自己的梦例，那就要告诉别人，弗氏自己被压抑的俄狄浦斯情结会使他经常梦到与自己的母亲性交（270页），还经常幻想自己"如何在子宫内观察其父母的性交"（271页）。如果弗氏真的经常做这样的梦、这样的幻想，并将其公之于众，那不等于毁掉自己的名誉和威信吗？弗氏当然不会这样做。按照他的象征法，在他自己的梦中明明出现了性的象征情节，他也绝不用象征法。例如，在他所举的第一个梦例"伊玛打针"的梦中，出现了这样的情节：弗氏"于是把她（伊玛）带到窗口，借着灯光检查她的喉咙"（22页）。这里出现了窗口、口腔，按照弗氏的象征法解梦理论，都明显地代表了阴道的开口和子宫。但弗氏绝口不提窗口、口腔的象征意义，因为如果他用象征法，那么他就要交代，是哪位女性的阴道口和子宫，是他母亲的？还是伊玛的？他当然不好说。

　　弗氏在维护自己的荣誉与维护自己的学说观点之间做了艰难的抉择，抉择的结果是维护自己的荣誉要紧，而放弃了维护自己的学说观点。又如在311页，弗氏记录的自己的梦例中，有这样的文字"我觉得以前在梦中常常看到过这地方"。按照弗氏自己的象征解梦法，"恒常指梦者母亲的生殖器官"。但弗氏在此梦例中绝口不说，这是他见到了自己母亲的生殖器官。所以，弗氏在解释自己的梦例时，绝不用性的象征法。这无疑宣告了"如果不理会梦的象征，我们无法解释梦"（236页）观点的破产。他"机智地""巧妙地"一律使用别人的所谓的"性"的梦例。他的梦例对象大多是他的病人，弗氏是心理医生，他的病人都是有精神疾患的人，这极大地方便了他用暗示的原理来推销他的性象征理论。如果他的病人说梦到了似曾见过的风景及地方，弗氏就硬要对他说，那就是"梦者母亲的生殖器官"（270页）。弗氏强行这样解释、象征，病人也没有办法，否则弗氏就会对他的病人说，"你精神有问题，你自己知道吗？你的思维不正常，你知道吗？你必须要相信我的解释"。这里有一个非常恶劣的例子：弗洛伊德向一位精神疾患者灌输自己的俄狄浦斯情结的理论，起了恶劣的作用。弗氏在《梦的解析》一书的第270页写道："当我向一位病人频频强调说俄狄浦斯的梦常常会发生时（梦者和其母亲性交），他常常如此回答：'我没有做过这种梦的回忆。'不过，在这发生后，病人会记起其他一些不显著与平淡无奇但却重复出现的梦。但分析后却显示这又是一个俄狄浦斯的梦。"在弗氏未暗示前，病人没做过与母亲性交的梦，而在弗氏"频频强调"的暗示后，病人真的会梦到令几乎所有人（当然不包括弗洛伊德）都恶心、诅咒的梦？其实，病人可能只是梦见到了一个风景美丽的地方，并在这地方徘徊走动欣赏美丽的风景。风景美丽的地方被弗氏象征为母亲的子宫，来回走动被象征为性交，所以弗氏就硬说是梦者梦到了与母亲性交。弗氏用象征法解释他的病人的梦时，爱怎么象征就怎么象征。这与弗氏用无限联想法解梦时，爱怎么联想就怎么联想，如出一辙。

弗氏在《梦的解析》一书中只讲了这两种解梦法：一是无限联想解梦法，使用的方法是"爱怎么联想就怎么联想"；二是象征解梦法，使用的方法是"爱怎么象征就怎么象征"。这种"爱怎么说，就怎么说"的方法，是不严肃的治学态度。弗氏的两种解梦法，各有各的用处，无限联想解梦法是用来"证明"、推销他的潜意识理论的；象征解梦法是用来"证明"、推销他的性理论的。可惜，弗氏没有发现这两个解梦法之间的矛盾，犯了顾此失彼的逻辑错误。

《梦的解析》一书中最重要的一句话是"梦是愿望的达成"。这个结论基本上是应当肯定的。弗氏这个观点与我的"心情规则"有些类似，但也有很大差别。我认为，并不是所有的梦都是"愿望的达成"，有些梦的愿望是达不成的，而且"愿望"与"心情"也不是同一个概念、同一种含义。我想，我们每个读者都可以用自己的梦来验证这些结论。

联想解梦法本身并没有错，解梦时肯定要联想到近期的一些事件。问题是，弗氏用"爱怎么联想就怎么联想"的无限制联想方法，几乎将人生经历中所有能想得起的经历都联想进来。我不相信梦导创作梦剧时，会联想到梦者一生中从婴儿期到少年期、青年期、中年期的那么多事件来安排一个梦的剧情。联想要根据梦剧的主题、情节及梦的创作规则、原理来联想，哪能漫无边际地想怎么联想就怎么联想呢？

弗氏的性象征解梦法没有任何依据，我不认同。当然，我不完全否认，梦中可能会出现一些象征性的事物，因为在艺术中就有象征手法，艺术家们在做梦时，其梦导也可能使用象征手法创作。可是，艺术家们用象征手法创作时，绝不是统统用来表示"性"的。还有，妇产科的医生护士们天天与阴户打交道，梦中出现象征阴户的事物也有可能。至于什么被压抑的所谓的俄狄浦斯情结致使做与母亲性交的梦，这是完全不能接受的观点。弗氏的象征解梦法连同他的泛性论都是应当否定的。

弗氏解梦时，也指出了梦与白天生活事件的关系，但他却没有作为理论总结出来。我总结的解梦的五大规则，弗氏只发现了其中的半条（"梦是愿望的达成"）。梦点规则和参与规则，他完全没有发现。当然，我们不能苛求百年前的心理学家，弗洛伊德毕竟是不用神灵解梦法解梦的科学家。迷信与科学是相对立的概念，不用神灵法解梦，就被西方称为科学解梦。所以，此后所有不用神灵法解梦的梦著，其中包括用象征法解梦的梦著都被标以科学解梦的著作。弗氏以后，直到现在，出版过很多象征法解梦著作，都被标以科学解梦著作了。但象征解梦法与神灵解梦法几乎有同样长的历史。例如，《周公解梦》使用的大多也是象征法，但却没有被标以科学解梦，因为那在弗氏之前。被我坚决否定的性的象征解梦法，或许可以看作一种探索吧。

至于说弗洛伊德通过解梦还"发掘了人性的真正主宰——'潜意识'"，这种说法是可有可无的。弗氏在《梦的解析》一书中只提出了潜意识的概念，但并没有对潜意识的结构、运转程序等进行探讨，没有对潜意识概念的内涵和外延加以描述，所以潜意识概念仅仅是个空壳，可有可无。书中他还提出了前意识、意识、超意识、下意识等概念，这些概念都没有加以定义和描述，令人不知所云，也就是说，这些概念也仅仅是个空壳而已。我没有读过弗氏的其他著作，起码在《梦的解析》一书中，弗氏的潜意识理论仅仅是个空壳而已。因为直到今天为止，"意识"概念仍没有明确的定义，所以我摒弃了意识概念——我不想使用没有明确定义的重大概念。基于这一点，我也不认可弗氏的潜意识、意识、前意识、下意识等概念。弗氏提出了本我、自我、超我的"三我"概念，与我的"阴我""阳我"（阴本与阳展）的概念也不是一回事。弗氏的"三我"概念的提出，是个巨大的成绩，因为他发现了"我"

并不是单纯的，而是有层次、有结构的。我认为，任何认真探究过梦的人，很容易发现梦导与"我"好像不是一个人。针对这一现象，研究梦的人当然会提出自己的解释。弗氏是第一个发现"我"是有层次、结构的学者，令人钦佩和尊敬。他的"本我"由原始冲动组成，这与阴本的内涵和外延有天壤之别，希望读者不要误会、不要等同。总之，弗洛伊德是一位具有开创性的伟大的心理学家。

附　录

说明：对理论不感兴趣的读者，本附录可以不看，并不影响推理解梦法的运用，因为其他所有梦著都没有本附录的内容。本作者想打破砂锅问到底，对梦从生理和精神两方面都进行了全面的研究。不过，这些研究都是一些假说，仅供有关方面的研究者参考。

一　梦是谁创作的

梦是人在睡眠中的思维活动，从前文已知，它是一种虚拟现实的梦剧演出活动。通过梦例的解析，我们已经窥视到并归纳出梦剧的启动、梦剧主题的确定、梦剧创作的五大规则、梦剧创作过程、梦剧创作原理、梦剧创作手法等内容。但是，读者们可能始终惦记一个问题并急切地想知道答案："梦导是谁"？梦剧的所有创作和演出都是梦导所为，本章就来讨论这个问题，并给出明确的答案。寻找梦导是一项极其重大的科研课题，因为它涉及人的精神结构。梦的实验室研究无法回答"梦导是谁"的问题，因为人的精神结构无法用任何仪器设备来研究。现在我与读者一起来寻找梦导究竟是谁。

1　"我"的辨析

在梦例 20 "颠倒真相之梦"的分析中，我们知道了，梦导为了催促

"我"、鞭策"我"而采取了颠倒事实真相的手法，这种手法曾使我百思不得其解，好不容易才揭开了梦导的激将法秘密。但是，读者有没有想过，此梦的梦导与"我"好像变成了两个人。梦导好像是局外人，站在局外用激将法催促"我"、鞭策"我"。梦导也是我的大脑在思考呀，怎么梦导变成了局外人呢？这又是一个难题。我是不相信神灵的人，梦导一定不是站在暗处向我发号施令的神灵，而一定还是我自己的大脑在进行梦剧的创作和导演。这究竟是怎么回事呢？经反复思考，我发现，在现实中我们往往会自己向自己下达命令，督促自己，鞭策自己，有时还责备自己，诅咒自己，甚至对自己下毒手——自残。我们在生活中有时会发现，有的人恨自己恨得打自己的脸、捶自己的胸，甚至砍自己的手指。当他向自己下毒手的时候，是那个"局外人"下达命令。他举起菜刀，恶狠狠地对自己说："你还偷？你还偷？我砍掉你的手指，看你还怎么偷?!"他真的一刀将自己的一根手指砍掉了。这个说话和举刀的人仿佛是局外人，被砍的是自己。如果还有读者转不过这个弯，那就把举刀和说话的人换成他的父亲。他父亲举起菜刀，恶狠狠地对他儿子说："你还偷？你还偷？我砍掉你的手指，看你还怎么偷?!"当我们向自己下达命令时，一个人就变成了两个人——一个是发号施令的人，另一个是听命的人，听命的人是"我"，而发号施令的那个人是"局外人"。梦导用激将法鞭策"我"的时候，梦导与"我"就变成了两个人。原来如此！梦的奥妙藏得如此之深。

在梦例3"拜见钱老之梦"创作的观摩中，我们曾分析过梦中对话过程，发现了梦导不将对方要说的话事先告诉"我"，发现了梦导与"我"好像是两个人。

在梦例21"两套逻辑之梦"的创作观摩中，我们发现了人的两套逻辑：一套是循实逻辑，另一套是本意逻辑。循实逻辑让我们"被迫"说违心的话，做违心的事。之所以"被迫"，是出于保护自己或保护他人的动机；而执行本意逻辑是代表自己真正的意愿。两套逻辑也好像是"两个人"的思维。

"我"一个人变成"两个人"是由梦例解析再联系现实的分析中而发现的事实。在现实中，别人只能认识到你是一个人，而较难发现你是两个人；但在梦中，两个人的表现很明显，例如，我们很容易发现梦导与"我"好像不是一个人。梦中，梦的情节发展往往与"我"的预测不一致，往往会使我们感到惊讶，甚至使我们吓得惊恐万状，梦导好像要故意吓唬"我"似的。

由梦到现实的联系分析中，我不得不得出这样的结论："我"是可辨析的❶！以内涵与外显的关系为辨析尺度，将"我"下分辨析为阴我与阳我：阴我是内涵的我，被遮蔽起来的我，是不易被觉知的我；而阳我是显现出来的我，是很容易被自己和别人觉知和认识的我。"我"是由阴我与阳我辨析构成的阴阳合一体，其中，阴我是阴子，阳我是阳子（阴子和阳子统称为爻 yáo 子）。按照阴阳论，阴子是基础，阳子是主导。那么，人就是以阴我为基础，以阳我为主导的阴阳合一体。在梦中，那个"局外人"，那个按照本义逻辑行事的人，就是阴我；在梦中，那个能觉知的人，那个有喜怒哀乐悲恐惊的人，就是阳我。在现实中，那个具有真实欲望和信念的人，在内心给自己下达命令的人，就是阴我；而根据现实和自身条件在内心能控制和调节自己的人，那个向他人展示出来的人，就是阳我。阴我、阳我的说法好像有些别扭，我们换个说法，将阴我称为阴本，将阳我称为阳展。所谓阴本，是指具有真实需要和信念的我，是隐含的我，被遮蔽起来的我，难以被觉知的我；所谓阳展，是指以需要和信念为依据，根据内外条件进行调整以适应社会需要而展示出来的我，是可被觉知的我。将阴本与阳展经过阴阳上归辨析❷构成的"我"称为人魂，即人魂是由阴本与阳展辨析构成的阴阳合一体，其中阴本是阴子，阳展是阳子。人魂是指一个人的精神，一个人的灵魂，如果再加上肉体，那就是一个人的全部了。一个人就是由其肉体与其人魂辨析构成的阴阳合一体，肉体是阴子，人魂是阳子。阴子是基础，阳子是主导，人就是以肉体为基础，以人魂为主导的阴阳合一体。有些读者可能会疑问，既然说人魂就是人的精神，何必杜撰新词人魂呢？须知：精神这个概念的内涵和外延已经被西方学者弄得混乱不堪了，也就是说，精神这个概念没有明确的定义、

---

❶　"阴阳辨析"是我发现并创立的一种新的思维方法，具有典型的中国特色。这是一种不会产生片面性的思维方法，是非常好懂、易学又可运用于一切领域的新思维方法。详见我的《中国式的思维方法》一书（待出版）。

❷　阴阳上归辨析见我的待出版的《中国式的思维方法》一书。

在严肃的学术中是已经不能再使用的概念了，或者说，如果要使用，就必须重新加以说明或定义。但在打比方时还是可以使用的，在人魂概念还没有普及前，用精神概念来比方人魂概念是过渡措施。人魂概念就是由阴本与阳展辨析构成的阴阳合一体，或者说是由阴我与阳我辨析构成的阴阳合一体。不过还要指出，人在清醒状态下，有阴本与阳展的区别，即有本意逻辑与循实逻辑的区别；人在梦境状态下，也有阴本与阳展的区别，即梦导奉行的逻辑与"我"奉行的逻辑的区别。觉醒态和梦态下的阴本应该是同一个东西，但两种状态下的阳展（分别称为醒阳展和梦阳展）是有区别的。梦阳展努力模仿醒阳展，但往往会走样。在不清醒的状态下想模仿觉醒态下的行为，模仿得走样是可以理解的；觉醒态下想模仿不觉醒态下的行为却是可以模仿得很像。这如同，清醒的人模仿喝醉酒的人，可以模仿得很像；但要喝醉的人模仿清醒人的行为，几乎是不可能的——除非他假醉。我们总是说，要真正认识一个人不容易，那是因为我们通常只认识到他的阳展，而很难了解到他的阴本。读者是否已经感觉到，有了阴本、阳展、人魂这几个新概念后，我们在表达觉醒态和梦态下的思想和行为时，不仅十分方便而且很准确了。

2　人的精神大厦（精神本体）结构探微

人是以阴本为基础，以阳展为主导的阴阳合一体，这句话究竟是什么意思呢？学习了"阴阳辨析法"就能准确、全面地理解它。为了使不知道阴阳辨析法的读者理解这句话，这里就要多写一些文字。理解这句话是非常重要的，因为它是我们认识人——认识自己和认识别人的纲领，也是我们解梦必须具备的人学知识。为此，我们要进一步分别研究阳展和阴本。阳展比较容易理解，因为它是展现出来的人，他的一举一动，他随时间而变化的一切过程，他自己和别人都看到清清楚楚。但是，你通过阳展看到的那个人，并不能完全代表他，你还要了解到他的阴本，才有可能深入地了解他。阴本究竟是哪些东西呢？其实就是人的各种需要。下列"人魂辨析图"就是阴本和阳展的全部内容，见图1。

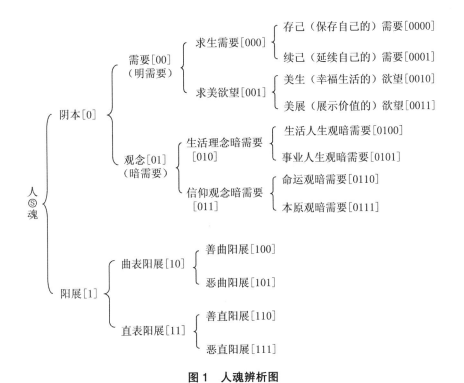

图 1　人魂辨析图

以上是对人魂进行连续阴阳辨析得到的人魂辨析表，此图就是我们认识人魂的纲领。阴本的辨析摘自我的待出版的《人的特性和行为动力总机制》（以下简称《人论》）一书。《人论》一书有关于人的明需要、暗需要、各种生活理念、各种信仰、美生和美展等内容的详细阐述。

由图 1 可知，阴本是由多个辨析层次构成的。第一辨析层次辨析：以虚实为尺度，将一个人的阴本辨析为他的明需要和暗需要。明需要是人人都知道的需要，就是生命、生活、工作等产生的需要；暗需要是指各种观念产生的需要。观念是藏在思想中的，自己不说，别人是不知道的，所以说它是暗的需要。暗的需要，即观念的需要是阳子，明需要是阴子，阴本就是以明需要为基础，以暗需要（观念）为主导的阴阳合一体。第一层次辨析得到 2 个爻子（$2^1 = 2$），即明需要和暗需要。暗需要来自人的悟觉。任何人都被某种观念主导着。有的人被为人类进步事业而奋斗的观念主导着，有的人被为国为民的观念主导着，有的人被权力欲望主导着，有的人被金钱欲望主导着，有的人被培育子女理念主导着，有的人被家庭幸福理念主导着，有的人被上帝主导着，有的人被邪教主导着，等等。被邪教主导的人最可怕，最危险。他们笃信邪教教主的旨意，甚至杀死自己的亲人或心甘情愿地自杀。可见，观念的力量何等巨大。所以阴阳辨析告诉我们，人是以明需要为基础，以暗需要为主导的物种。社会中究竟有哪些观念？五花八门的观念是怎么钻进人的大脑的？在《人论》一书中有详细的阐述。

现在再分别对明需要和暗需要（观念）进行第二层次的阴阳辨析：人的明需要是由与动物同似的需要和人类特有的需要辨析构成的。与动物同似的需要就是求生需要，人类特有的需要就是求美需要，求生需要是阴子，求美需要是阳子；观念是由生活理念和信仰辨析构成的，生活理念是阴子，信仰是阳子。第二层次辨析得到 4 个爻子（$2^2=4$），即求生需要、求美需要、生活理念暗需要、信仰暗需要。求生需要是与动物同似的需要，因为人也是动物的一员。求美需要是人类特有的需要，是所有动物没有的需要。人不仅要像动物那样求得生存，更主要为了美而生存，这个美就是人追求的价值。阴子是基础，阳子是主导。人就是以求生为基础，以求美为主导而活着的。

第三层次辨析：求生需要辨析为保存自己的需要（存己需要）和延续自己的需要（续己需要）；求美需要辨析为幸福生活的欲望（美生欲望）和展示价值的欲望（展美欲望）；生活理念暗需要辨析为生活人生观暗需要和事业人生观暗需要；信仰暗需要辨析为本原观暗需要和命运观暗需要。第三层次辨析得到 8 个爻子（$2^3=8$）。与动物同似的需要是什么需要？就是由保存自己的需要和延续自己的需要构成的。动物只有这两个需要。存己需要是个体活着的需要，续己需要对动物来说，是物种延续的需要，对人类来说，既是人类物种延续的需要，也是民族、家族延续的需要。求美欲望的辨析很有意思，它由幸福生活的欲望（美生欲望）和展示价值欲望（美展欲望）辨析构成。我们每个人都既想生活得好，又想展示自己的价值。其实，美生欲望也是价值追求，只不过价值的受体是自己及自己的家庭。这个价值，我称其为自反价值；美展欲望的价值受体是社会大众、国家和人类。这个价值我称其为个人的社会价值。所以说，求美欲望是追求价值的欲望，它由追求个人的自反价值欲望和追求个人的社会价值欲望辨析构成的。两者是阴阳辨析关系，而不是矛盾的关系。

阴本是一个人的精神大厦的主体，它由个人的需要和个人的观念构成，其中需要是阴子，是基础；观念是阳子，是主导。每个人脑中都有许多观念，但其中必有一种是当前或很长一段时间内最主要的。将这个当前或很长一段时间内的最主要的观念称为主导性观念，或称主宰性观念。再给主导性观念一个新颖的名称：主本观念，或简称主本。个人的一切言行都是为他的主本观念服务的，一切其他的观念都必须为主本让路。一个官员一旦将金钱立为自己的主本，那么他的一切将为这个罪恶的主本服务了。每个人的主本观念不一定相同，一个人的主本观念一旦树立，也不是终生不变的。所以，主本才是人魂的核心。有些人的主本是美丽的灵魂，有些人的主本是丑恶的灵魂，有些人的主本是平淡的灵魂，等等，不一而足。

有主本就有次本、次次本，等等。阴本是一个结构庞大、辨析关系紧密的可调节的精神大厦，或称精神本体。哪种观念可能成为主本，完全依赖悟觉的玄量性❶的选择。悟觉可将阴本大厦中的任何一种需要或任何一种观念提到主本的位子，也可漠视任何一种需要或观念，甚至漠视自己的生命。有了主本，并不等于其他需要或观念就失去了作用。一个为人类的进步事业奋斗的人，一个为国为民的人，一个为革命而奋斗的人，并不等于要忽视自己及其家庭的幸福；为官清廉的人，并不等于要拒绝合法的生财之道。只是当主本与次本、次次本的利益发生对抗性冲突时，次本、次次本的利益要让位于主本，只有这样的决策，才能使主本成为真正的主本。

但是，不要误会，以为只有阴本才能代表一个人，正确的方法是阴阳辨析法，即只有将阳展与阴本辨析地结合起来，才能正确地认识一个人。在阴本与阳展的辨析关系中，阴本是阴子，阳展是阳子，阴子是基础，而阳子是主导。这里读者可能又产生疑问了：前面说观念是主导，观念属于阴本，而这里又说，阳展是主导，阴本与阳展怎么都是主导了？这里似乎发生了矛盾。其实，这是因为不了解阴阳辨析法而产生的误会。阴阳辨析可以连续进行，

---

❶ 悟觉以及悟觉的玄量性请参阅我即将出版的《人的特性和行为动力机制》一书。

形成多层次的阴阳辨析"金字塔"。每一次辨析都得到一个阴子和一个阳子，而且都是以阴子为基础，以阳子为主导的。所以，基础与主导的关系是分层次的。观念的主导作用是相对于需要而言的，这是阴本辨析层次上说的。而阳展的主导作用是相对于阴本而言的，是人魂辨析层次上说的，是高一层次上的关系。从人魂辨析表可以很清楚地看到各辨析层次中的阴子与阳子的辨析关系。阴本那么重要，为什么说阴本仅仅是基础，而说阳展是主导呢？其实，阴本是隐藏在后面（隐藏在脑中）的，阴本要实现它的目标，必须要通过言行来实现，即必须通过阳展展现出来。革命的信念树立了，那是在脑中的。仅仅在脑中，如果没有任何革命的言行，那么其意义是不大的。按照阴本的意愿，用言行将革命的信念表达出来，才能实现这一信念。而当通过言行表达阴本时，那就是阳展了。一个邪教信徒如果只将邪教信念放在自己的脑中而不付诸言行，那么一点都不可怕、不危险；而一旦他用言行来表达其邪教教旨时，那时才显现出他危害社会、危害他人、危害自己的效果来，而当他用言行表达的时候，就是阳展了。

在中国，信佛的人、信鬼信神的人，可能大有人在，但他们大多只在观念层次上相信，在行为中很少表达，这就是没有表达出来的阴本。有的人笃信上帝，经常上教堂去做礼拜，他（她）的这一信仰仅仅限于礼拜而已。还有的人口头上笃信上帝，但在现实的生活中还是依据自己的需要而行动，并没有遵循上帝慈悲为本的教导而行动。他们中的一些人动辄就发动侵略战争，肆意地大规模地屠杀他国、他族的人民，哪有一丝一毫的慈悲？一切都要通过实践表达出来才有意义，所以阳展是主导。有一个现象值得注意；当一个人用阳展将阴本表达出来时，可能会有变通，即既可能忠实地表达阴本，也可能修正地表达阴本，甚至可能完全背离了阴本。人到了关键时刻，可能会变通阴本。一个贪生怕死的人要坚持革命，恐怕很难。一个唯利是图的官员，将清廉的口号喊得震天响与他是否真的清廉没有一点关系。一个做过很多坏事的人，一旦要他去杀死无故的人，他不一定会去杀，因为他还没有坏到那种程度，他还有一丝良心。所以，口头宣扬的阴本，甚至指天发誓效忠的阴本与其实际的阳展可能不一致是常见的现象，最终我们还是要看他的阳展。阳展的背后是阴本，我们可以通过阳展窥视阴本，将阳展与阴本辨析地结合起来深刻地认识他人或自己。

　　从图1上可以看到，阳展也是分两个辨析层次的。第一层次将阳展辨析为直表阳展和曲表阳展。直表阳展是指，不加掩饰地用言行将阴本直接表达出来的阳展。与此相对的是曲表阳展，即曲折地、掩饰地、变通地表达阴本的阳展。两种阳展又分为善意和恶意两种。在社会现实的生活中，这四种阳展都能找到很多例子。自认为极有实力的恶霸、侵略者并不隐瞒自己的罪恶目的，而是公开地表露他们的狰狞面目，以威慑、恐吓被侵略者，例如，法西斯、霸权者就是如此。这是恶意直表阳展。大无畏的革命者（在某些时候、某些地方）也公开地表露自己革命的目标。例如，马克思曾公开号召工人阶级推翻资本主义，建立没有剥削、没有压迫的平等社会。这是善意直表阳展。至于曲表阳展，生活中有非常多的例子。所谓"善意的谎言"就是善意曲表阳展；而那些居心叵测、狡诈多变的阳展就是恶意曲表阳展。阳展的表现，并不一定符合阴本。不论直表或曲表，都是指在某些时候、某些地方、某些问题上的表达，而非在任何时候、任何地方、任何问题上的表达。有一种说法，说任何人都戴着假面具。我认为，这种说法太过夸张，但戴着假面具生活的人还是有一定数量的。例如，那些贪官，个个都戴着假面具，而且个个都戴着多种假面具。他们不得不戴着假面具，他们是社会黑暗世界的分子，他们只能像鬼那样地生活，属于真实历史和文学作品中的丑恶角色。阴本的内容不一定都符合社会的要求，那些不符合社会要求的阴本就需要阳展加以修正、抑制，这是非常重要的。例如，想挣很多钱去改善生活，这种欲望本身是没有错的，问题在于用什么手段去挣。如果想用非法的手段去挣，阳展就要抑制这种念头。这种阳展是曲表阳展，但它是善意的，是善曲阳展。又如食、色、性是每个人的原始需要，这些需要属于阴本。但要表达这几种原始需要时，就需要阳展加以调整以符合社会的要求。如果它们直表，就很可能会犯罪。正确地曲表，才能符合社会规范。所以，曲表并非坏事。阳展说到底，就是一个人的社会生存策略的体现。社会变化了，或环境变了，阳展都要灵活地调节。

　　以上通过对"我"的辨析可以清楚地知道，梦导就是人的阴本。梦导编创梦剧是按照阴本为主题的，一切梦剧情节设计都是为阴本服务的。

二　梦的创作者藏在哪儿

附录四1（3）小节介绍了科学家们在梦学研究实验室中用最现代化的仪器、设备对梦的生理活动进行研究的情况。虽然研究结论并不完全相同，但取得了一些基本共识。这些实验室研究还在继续。

我不得不指出，实验室的这些研究还局限在梦中生理活动的现象上，如检测梦中血压、血流、脑电波波形、皮肤电等的变化现象上，还未深入神经网络的运作上。并不是科学家们不想深入中枢神经网络层次，而是现在还没有合适的仪器设备去深入其中。人的大脑中的神经网络究竟是怎样运作的？现在没人知道。人脑是极其复杂的巨大信息系统。从信息系统的角度研究人脑的思维结构、精神结构，现在的任何高级仪器都无法深入其中。科学仪器一时无法深入其中的领域，科学家们是怎样进行研究的呢？是通过假说——验证的路线来研究。科学家们先提出假说，然后通过实验、观察和事实来检验哪种假说更正确。20世纪初，人们无法深入原子中，原子的结构是怎样的？汤姆逊提出了葡萄干面包模型，卢瑟福提出了行星模型。20世纪50年代初，人们不知道遗传物质DNA的结构是怎样的，鲍林、威尔金斯提出了三链模型，稍后沃森和克里克提出了双链螺旋模型。事实、观察或实验证明，卢瑟福原子行星模型、沃森和克里克的DNA双螺旋模型得到科学家的公认。前者开启了原子物理学的大门，后者将生命研究由细胞层次深入分子层次。卢瑟福的成功不能否认汤姆逊的功绩，沃森和克里克的成功也不能抹杀鲍林、威尔金斯的贡献。

为了将梦的研究深入人脑的信息加工层次，解释梦中的所有现象，我提出了人的思维功能结构假说。当我们能深入到人脑的信息加工层次，就不再限于梦的解析了，而是解释人在清醒状态及梦状态下的所有思维和行为了。这就将假说构造的模型的实验对象普及所有人，即每个人都可以根据自己在觉醒态和梦态下的所有思维和行为来验证我的假说是否正确。当然，我不敢保证我的假说完全正确，但这打开了研究人的思维功能结构的大门，后来者们会不断完善它们的。

必须指出，这个假说是从信息加工的各种功能团之间的关系上说的，而不是生理上的神经系统结构分析。神经结构解剖早有详细的研究和著述。但是，人脑中的信息加工过程、图像及声音在脑中的显示与切换、信息加工及输出过程中的思维流的监视及调控、信息储存与提取等心理——生理过程，都不是神经解剖学所回答的，现在的神经心理学以研究人的病态思维障碍为主要内容，并不详细研究脑的各个功能团之间的关系。我的这个假说，仅仅是人脑思维功能结构的探索而已，目的是企图解释梦中的所有现象。对此无兴趣的读者可以参考，也可以不看。

1　人的神经系统功能的辨析

人是以肉体活动为基础，以精神（人魂）活动为主导的阴阳合一体，其中，人的肉体活动是阴子，人的精神（人魂）活动是阳子。一个人既由身体特征表征着，又由精神（人魂）活动表征着，但从社会的角度说，一个人主要由他的精神（人魂）活动表征着。

人的精神（人魂）活动的载体是人的神经系统。以是否需要思维为辨析尺度，将人的神经系统辨析为自动神经系统和灵动神经系统，前者是阴子，后者是阳子。自动神经系统是指不需要思维而运作的神经系统；灵动神经系统是指思维神经系统及被思维支配的神经系统构成的总体。神经解剖学将人体神经系统划分为中枢神经系统和周围神经系统两部分，其中中枢包括脑和脊髓，周围神经系统又有多种划分。自动神经系统在解剖学上是指内脏运动神经系统，它指挥内脏器官、心血管、平滑肌、腺体等的运动。❶ 自动神经系统指挥的器官是人体细胞赖以生存的基础。自动神经系统的运作不需要思维活动参与，它是自动运行的，所以我称它为自动神经系统，解剖学上称它为自主神经系统，又称植物神经系统。除了自动神经系统外的其他神经系统都属于灵动神经系统，它包括思维系统本身及被思维系统支配的非自动神经系统的神经系统，解剖学上主要包括中枢系统及除了自主神经系统外的周围神经系统。灵动神经系统是指挥支持思维和言行

---

❶ 晋光荣，李涛. 临床神经解剖学 [M]. 南京：东南大学出版社，2009.

的器官活动的神经系统（如指挥思维、说话以及四肢、身躯、五官等器官活动的神经系统）。人体神经系统在解剖学上的划分极为细致也极为复杂，不适合研究人的思维活动和精神活动。所以我从功能上对人体神经系统做划分。从神经元数量上说，在整个神经系统中自动神经系统只占极少的部分，因为它只是指内脏运动的神经系统。但它的功能却极为重要，它是保障生命存在的基础。我们有时候会说，人是由身体与精神构成的，或者说，人是由生物人与社会人构成的。自动神经系统就是身体、生物人存在的基础；灵动神经系统活动是精神、社会人存在的基础。所以我们从功能上将人体神经系统做自动与灵动的辨析是非常必要的。

人体神经系统从功能上做了阴阳辨析后还有如下巨大的好处：自动神经系统与灵动神经系统两者的关系纳入阴子与阳子的关系后，就可以将阴子与阳子的关系及关系的性质运用于自动系统与灵动系统的关系中。在前文中，读者已经领略了有关阴本与阳展之间的关系是基础与主导关系的阐述，阴子与阳子还有其他许多关系，例如，相互需要的关系、相互促进的关系、相互补充的关系、相互依赖的关系，等等。做了阴阳辨析后，研究者就能将上述阴阳关系自动地纳入自动神经系统与灵动神经系统的关系，例如，可以推导出自动系与灵动系统是相互需要的、相互促进的、相互补充的、相互依赖的关系，等等。自动系统与灵动系统的这些阴阳逻辑关系展开来就可以说明或预测许许多多的生理问题、心理问题、生理——心理问题，而这些推导是根据阴阳规律"自动"获得的。将具体的研究对象做了阴阳辨析后，就可以根据阴阳逻辑推导出一系列结论。这是西方任何方法论都不具备的功能。所有的西方方法论从古至今都没有阴阳逻辑。读者在本书中就可以见识并学习阴阳辨析的运用，并领会这种纯中国模式的阴阳辨析的威力。

人的神经系统功能结构辨析见图2。

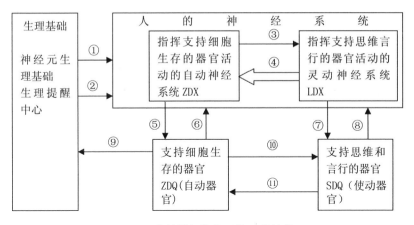

图2　人的神经指挥系统功能结构

在阴阳辨析看来，阴子是基础，阳子是主导，所以人的神经系统就是以自动神经系统为基础，以灵动神经系统为主导的阴阳合一体。这种阴阳逻辑关系是很容易理解的：自动神经系统指挥我们所有内脏器官的运作、指挥所有的体液在全身运作，保证了生命的存在，这当然是人的基础。自动神经系统对人的基础作用，不仅指人的一切活动都是建立在自动神经系统的正常运作之上，而且还指自动神经系统的运作是否正常，影响灵动神经系统的运作能否正常。这是通道③表示的。后一种关系常常被人们忽视：在分析一个人的思想和行为时，往往只专注他的心理状况而忽视了他的生理状况，这样的分析就可能出现偏差。我们解梦同样要注意到梦者的生理状况，尤其身体严重残疾者、神经疾患者等，与正常人的思维运作可能有差异，甚至有较大的差异。

灵动系统是阳子，阳子是主导，即人的整个神经系统功能都是以灵动神经系统的功能为主导的。人的思维、语言、行动都是由灵动系统指挥的，当然是人的主导。只有思维和言行才能代表一个人的社会性。

阴阳论认为，阴阳是相互包含的，阴中包含了阳，阳中也包含了阴。在这里就意味着，自动神经系统中也包含了灵动的表现，灵动神经系统中也包含了自动的表现，这如同男人体内有雌激素，女人体内有雄激素一样。自动神经系统的运作本来不受灵动神经系统指挥的，但情况并不完全如此。自动神经系统往往受到灵动神经系统的影响。这是空心箭头通道④表示的。最简单、最极端的例子是：人会被气死、急死、喜极而死，会被突然的噩耗致昏、心脏停止跳动等。这说明，自动神经系统受到了灵动神经系统的严重干扰。刚才还是好好的人，瞬间就被恶劣的精神击溃了——当然是击溃了他的自动神经系统的正常运作，才使心脏停止跳动或肺停止呼吸。除了极端的例子外，常见的例子是人的精神状态对人的生理健康起着主导作用。人们都知道，身体要好，必须要以快乐的心情生活。这些都体现了灵动神经系统对自动神经系统的主导作用。

灵动神经系统中也有自动的表现。例如，我们在清醒状态下，要大脑停止工作是不可能的，大脑自动地不停地运转着，即便大脑在胡思乱想。说"脑中一片空白"，那只是极短暂的现象。我将觉醒态下大脑无法停止运转的现象称为"汞动现象"——水银总是不停地晃动着。

2　人的思维功能团结构假说

现在来分析灵动神经系统功能团的结构，见图3。

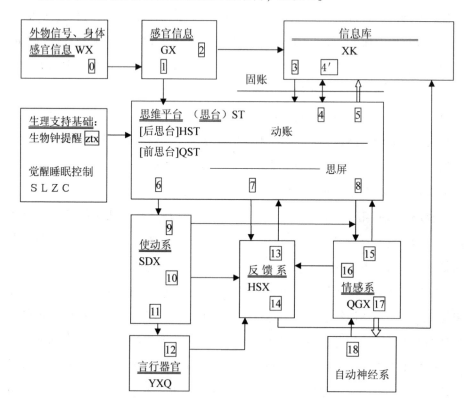

图3　灵动神经系统（LDX）功能团结构

　　思维平台（简称"思台"）就像工厂从事制造工作的生产车间，专门进行信息的加工。思台是人脑中的 CPU，人脑中的其他部分都是附设，例如，信息的出入口，信息存储器等。它需要有输入、加工过程、产品输出、各种信息反馈、调节加工过程、产品储备等功能结构元素。在神经解剖学上，思台是中枢系统的主要部分，它由大脑与脊髓构成，并以大脑为主。

　　思台的信息输入来源有两类：第一类是启动、检索类信息；第二类是反馈、回受类信息。启动、检索类信息又分两种，它们分别是感觉器官收集的原始信息 GX 和从记忆库 XK 里输入的信息。另外，还有生物钟自动提醒 ZTX 信息，控制整个灵动神经系统，我们每天自动地醒来、瞌睡，都是体内生物钟自动向思台发出的指令而运作的。记忆库输入的信息也有两种：一是通过检索思维而得到的信息 4-4′，将这个信息称为检索信息 4-4′。检索信息是这样的：首先是思台向记忆库发出搜索的指令 4，记忆库将检索到的信息 4′向思台发回（双向箭头所示）。将信道 4-4′称为检索信道；二是记忆库自动输入的信息 3，将信道 3 称为自入信道。反馈类信息一是反馈系统返回的信息 13，二是感情活动的反馈信息 15。

　　自入信息 3 是大有来头的极其重要的信息源，它主要包括计划自动提醒中心（简记为"JTX"）的信息、跳思信息、兴奋点信息等。计划自动提醒中心 JTX 信息是最重要的自入信息。

　　我们（的思台）每天都会做出在未来的时间里需要做的某些事的计划，这些计划通过入库信道 5 输入自动提醒中心 JTX 后，JTX 就会通过自入信道 3 提前自动提醒你（的思台）。有些人常说，"我忘性大"，就是自动提醒中心的功能较弱引起的。通过较长时间养成的习惯，也变成一种提醒中心 JTX 的程序而自动提醒我们。如早晨起床后的一系列活动，也都是计划自动提醒中心提醒后，思台操纵的。好的程序要慢慢养成为习惯，一旦成为习惯后，JTX 就自动提醒你进行每个环节了。例如，饭前便后洗手、顺手关门、顺手关闭水龙头、晨起大便、坐姿要挺直腰杆等，养成习惯后，就会"自动"地进行。相反，如果坏的言语、动作、程序要是变成了习惯，那就很不好了。有些人有些坏习惯，严重的坏习惯对个人有较大的影响。有的人一开口就污言秽语，这个极坏的口头语往往还会引起严重的冲突。其实他的口头语是无心说出口的，是 JTX 自动提醒他说的。要让小孩从小就养成好的习惯，就要坚决纠正他们的坏的言语、动作、姿势、程序等。小学阶段的一个最主要的任务就是让学生养成好的习惯——好的礼貌习惯、卫生习惯、学习习惯和作息习惯等，让小学生养成好的习惯比学习知识还重要。

跳思是又一类常见的自入信息。我们每个人每天几乎都会有这样的经历：突然想起某个人、某件事，而这个人、这件事并不是计划自动提醒中心里的信息。我们自己也不知道怎么会突然想到这些。在清醒状态下，每个人每天都会发生跳思，那么在梦态下，可能也会发生跳思就毫不奇怪了。所以，跳思也是梦的启动和梦境转移的原因。

兴奋点信息是另一类重要的常见的自入信息。在清醒状态下，有些活动、消息、故事等，对自己刺激较强，印象较深，这类刺激就成为兴奋点信息。这些兴奋点信息就成为做梦的主要启动信息。很强的兴奋点信息不仅是梦的启动信息，还常常成为我们清醒状态下强迫思台运作的信息，你想要它（思台）停下来都不可能。例如，睡前我下棋不敢超过三盘，通常不下棋；否则，你要它（思台）不想都不可能，很难入睡。玩游戏玩得太长时间，也是不能马上入睡的。要是吵架了，虽然平息了，但马上要脑子不想吵架的事，也是不可能的。高强兴奋迫使大脑（思台）运作的事，每个人都经历过。

输出产品有四种：一是发出驱动言语或动作的信息 6；二是向反馈系统发出的信息 7；三是发出驱动感情表达的信息 8；四是直接地、大量地向记忆库输出的信息 5，将 5 通道称为入库信道，它输出的信息称为入库信息 5。思台上任何操作活动都直接向记忆库输出，这一输出是觉知不到的，图中用空心箭头表示。

反馈回收信息系 HSX 是灵动神经系统内部收集、监视、调节灵动系统自身运作的信息系统。我们的一举一动，我们说话、做事时的全部过程，都受到严密的监视，监视得到的信息会反馈给思台和记忆库，思台会根据回收的信息调节自身的运作。例如，我们操纵工具时，要不断地调整操纵的各个要素，例如，调整位置、方向、用力大小等，如何调整呢？就要根据反馈的信息。用榔头钉钉子，很容易砸到手，慢慢地练习，即慢慢地调整，渐渐地就会得心应手了。我们说的每句话，也受到监视和反馈，发觉说错了，有的人会随时申明错了，但有的人发觉说错了，也不纠正。我们大脑中的思维过程，也通过信息通道7和13，受到监视和反馈，也会纠正思维活动。反馈系统就像无处不在的既摄像又录音又反馈信号的监控装置。从神经解剖学看，神经纤维分为运动神经纤维和感觉神经纤维两大类。反馈回受系统就是由内外感觉神经构成的系统。感觉神经将思维和行为的信息及外在的信息都即时地传输给思台（中枢），使得灵动神经系统受到自身的监视和调整。正因为灵动系统能得到自身的监视和调整，才显示出"灵动"来。自动神经系统是指挥内脏器官运作的，它像自动机一样，机械似地周期运转着，想要它快一点儿，它快不了；想要它慢一点儿，它也慢不了，一点儿都不"灵"。因为自动系统既没有思台、信息库，也没有反馈系统、情感系统。

当我们回想某件事时，我们的脑中呈现了往日的场景景象。这个景象呈现在我们脑中的什么结构上？当我们想发明一个机械结构时，我们的脑中会呈现出自己设计的结构图景，这个结构图景呈现在我们脑中的什么结构上？我们脑中好像有一个屏幕，将图像放映到屏幕上，使我们的内视系统看到了图像，使内听系统听到了声音。我们做梦，梦中的画面也是呈现在这个屏幕上而被自己"看"到、"听"到的。这个屏幕我认为就在思台上，称其为思台屏幕，简称思屏。信息一旦投射到思台屏幕上就能被自己知晓，灵动神经系统的运作信息如果没有发射到思台屏幕上，我们就不知道运作的过程。思台与信息库之间的操作、梦导在后思台上的操作，因为没有投射到思台屏幕上，我们就不知道它们是怎样运作的。

思屏是思台图屏与思台声屏的总称。我们从信息库里检索回忆出的事物形状、场景、图画、文字等投射到思台图屏上，被"我"所知；我们回忆出的声音投射到思台声屏上被"我"所知。例如，我们回忆一个人的名字时，他的名字的声音首先被检索到并投射到思台的声屏上被"我"所知；原来就知道他的文字名字的人，在回忆他的名字时，他的名字文字图像也会与名字的声音一起被检索到，并投射到图屏上；如果原来就不知道他的文字名字，或不识字的人，则不会检索他的名字文字信息，因为信息库里没有这样的信息。

思屏是虚拟、回忆、梦剧演出时才用到的思台结构之一。那么，我们现实看到的图像、现实听到的声音，即我们的感官即时感觉到的事物是怎样被知晓的呢？这些信息是不是通过思屏来被知晓呢？感官得到的信息不需经过思屏反映，而是直接被思台知晓的，是即时知晓的，即通过信息通道 1 直接被思台即时知晓的。在你面前的人，你看得很真切，因为你在即时看并被即时知晓；当那个人走了，甚至他回过身你看不到他的脸时，他面部的图像信息源已消失，就不能被即时知晓。当图像信息源消失后，你要知晓他的面容，就必须要靠回忆了，而回忆就必须通过思屏才能被知晓，而且你回忆重现的面容是即时知晓时最后的面容（如笑的面容），而不是现在时刻的面容（如挤眉弄眼的面容）。他与你对话，他说话的内容被你即时知晓，当他的一句话的话音结束后，这句话的声音源已经消失，你就不能再即时知晓这句话了。你要再重现他的这句话，就必须靠回忆了，而回忆又需要使用思台上的声屏。有些人不能准确地重复别人刚刚说过的话，这要么是记忆环节，要么是回忆环节，要么是重现于声屏的环节出了点小问题。

要回忆重现已经发生的事件，首先要通过入库信道 5 将信息存入信息库，当想回忆时，思台要通过检索信道 4-4′ 将检索到的信息调入思台，思台再将信息发到思台的思屏上，此时才能知晓回忆的信息。可见，回忆重现某件事，要经过多个环节，才能回忆重现出来。在这么多环节中，出现一些小故障，是有可能的，尤其当话比较长时，要准确重复就更难。你摔了一跤，胳膊摔得很痛，这个痛是即时直接知晓的；痛了一天，这一天的痛感都是即时直接知晓的；过几天，胳膊不痛了，当你向别人诉说你的痛时，你再也找不回当时的痛感了。我们的嗅觉、触觉、温度觉、平衡觉等感官感觉到的信息，在即时直接感觉时，非常真切，当即时感觉过后，想再现当时的感觉，已经不可能了。我在《人的特性和行为动力总机制》一书中，将感官分为两大类：一类是直接感官；另一类是间接感官。间接感官只包括视觉和听觉，其他感官都是直接感官。只有间接感官得到的信息能被回忆、被重现，而直接感官得到的信息能被回忆却不能被重现，这是因为思屏只有图屏和声屏两种，而没有嗅屏、味屏、温度屏等思屏。直接感官得到的信息被存入了记忆库，也能被检索回忆到，但没有地方重现出来，因为没有重现它们的思屏。我们吃过西瓜，那个味道被记住了。但我们无法在回忆时重现西瓜的味道。如果事先不告诉你将要吃的是西瓜，当蒙住眼睛又一次吃西瓜时，立即知道吃的是西瓜。我们是怎么知道的呢？因为过去我们吃西瓜的味道被记住了，思台将这次吃的味道与思台向记忆库检索的信息进行对比，就知道现在吃的是西瓜。戏剧能够使用屏幕和音响设备分别重现演员的图像和说话的表演，但不能重现演员在拍摄时得到的嗅觉、味觉、温度觉、触觉、平衡觉等直接感官得到的感觉，因为没有重现这些感觉的设备。这与我的理论非常吻合。由此我们可以知道，我们的知识、经验都是由图像和声音来记录的，并且要靠思屏来重现。直接感官得到的感觉，只能用语言来描述，无法重现，但任何描述都无法准确地表达真实。

关于内视、内听需要解释一下。梦中或回忆中，我们"看"到了人物，但不是用眼睛看到的。这个"看到"就是内视；梦中或回忆中，我们"听"到了对话，但不是用耳朵听到的。这个"听到"，就是内听。首先分析一下我们白天是怎样看到物体的。我们看见一张桌子，是桌子的图像经过反光，射入我们的眼睛，图像经瞳孔、玻璃体射到眼底的视网膜上。视网膜将由光线表示的图像转换成生物电信号表达出的信号串（神经冲动），经视神经传入思台，思台上的视觉智能工具将此信号串加工成信息编码，该编码经知觉智能解读，使思台看到（知晓）了这个物体的形状。思台再将此图像的信息编码通过入库信道 5 存入信息库。这是即时看图的过程，这个过程使我们直接看到了桌子。现在再分析回忆、重现该桌子图像的过程：思台经检索通道 4-4′，将桌子的信息编码调入思台，思台的知觉智能将此编码解读，再将解读出的图像发射到思台上的图像思屏。一旦在图屏上显现，思台就"看到"这张桌子了。从思台检索，到解码，到发射给思屏，到知晓，这一连串的过程，就是内视过程。说这个过程是内视，是因为没有用眼睛看，是灵动神经系统内部操作的过程，而知晓了桌子的形状。内听与内视的过程相仿。其实，声屏比图屏使用的更频繁。我们的大脑觉醒态下一刻不停地在思考，当然是思台在思考。人类的思维是用语言为工具的。不管是说话，还是写文章，或是在想问题，都是用语言进行的。除了说话外，写文章、想问题都是用内语进行的。我们默读文章，不使用发声器官，但在声屏上会读出"声音"而被知晓；

我们想问题时使用的每一个词都会在声屏上被内听到；我们写文章时写的每一个词，都是首先在声屏上发出"声音"后，才写出来的。这就是内语过程。觉醒态下，我们一刻也离不开内语。

情感系 QGX 是又一个重要的信息源。QGX 是思台运作的背景因素，情感自始至终参与思台的一切活动，极大地影响着思台运作的效率，有时还影响思台运作的方向。好的心情会提高思台运作的效率和准确率；坏的心情会降低思台运作的效率和准确率。好的心情也许会使我们往好的方向想，坏的心情也许会使我们往坏的方向想。但是，情感是可以被控制的，当然是被思台控制。它是通过信息通道16与13、8与15进行反馈调节和控制的。情感影响思台运作的情况，应当引起我们的高度重视。我们能不能快乐地生活，能不能顺利地从郁闷中解脱出来，从复杂的人际矛盾中超脱出来，对于自己的一生来说，是极其重要的，而要做到解脱、超脱，唯一的途径是通过思台控制自己的情感，通过思台调节好情绪，为获得好心情而施展你的智慧。情感成分中包含了情绪。情绪通道17是联通自动神经系统与灵动神经系统的神经系统运作通道，是极为重要的神经通道。情绪通道中有一个阀门值 FM。如果情绪能量值 NQX 小于情绪阀门值 $NQX < FM$，那么情绪是不会影响自动神经系统的运作。例如，小小的生气，不会影响心脏的跳动。当情绪能量值 $NQX \geq FM$ 时，自动神经系统的运作就会受到情绪的影响，即受到灵动神经系统的影响。例如，受到突然的惊吓，心脏会发生剧烈跳动。当情绪能量值远远大于情绪阀门值 $NQX \geq FM$ 时，会击溃自动神经系统的运作，心脏会停止跳动，或肺停止呼吸，或血管爆裂，或休克，等等。这就是灵动神经系统对自动神经系统的严重影响。

使动系 SDX 是被思台控制的系统，它主要指挥言语和行动。说话和行动主要通过控制相关的肌肉群活动的神经来进行的。躯体运动神经系统通常最少由两级构成：第一级从脑中或脊髓中发出后，形成相关的神经节；第二级是指神经节有下行神经纤维通达肌肉群。神经节就是使动系统。有些运动神经从脑或脊髓发出后，首先到达中间神经元，经过中间神经元换元后，再经下行神经系统通达肌肉群。在这种三级结构中，使动系统是指中间神经元。我们说话或行动时，思台首先要发出指令，指令通过脊神经、脑神经中的运动神经传出到相关的神经节或中间神经元，再由神经节或中间神经元的下行神经向控制肌肉群的相关神经发出指令，肌肉才能有控制的收缩或有控制的放松。在灵动神经系统功能结构图中，指令从思台发出，经通道 6 到达使动系统，即到达相关的神经节，使动系统再将指令下达到有关的器官神经，即神经节将指令通过其下行神经纤维下达到相关的肌肉群。

灵动神经系统的所有通道都打开的状态是我们清醒时的状态；做梦时，有些信息通道是关闭的或半关闭的。关闭或半关闭的信息通道主要有：0、1、2、11。所谓半关闭是指，在睡眠中某信息通道的阈值较低时，它是关闭的；当其阈值升高到一定程度时，该通道就打开了，使我们惊醒过来。例如，睡眠时，我们的听觉信息通道是关闭的，但如果声音太大，就会冲破阈值将通道打开，我们就惊醒了。所以又说是半关闭的。这里特别要提醒，睡眠中信道 11 被关闭了。梦中思台发出了行动的指令，但指令到达使动系后，由于信道 11 被关闭，下达不到相关的肌肉群。

3　思台信息加工工具简介

思台是大脑中进行信息加工的平台，那里主要有进行信息加工的工具。大脑进行信息加工的工具就是脑的智能。人脑主要有以下智能，见图 4 所示。

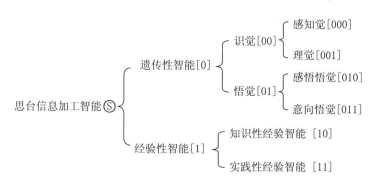

图 4　思台信息加工智能图

以是否来自遗传为尺度，将思台信息加工工具辨析为遗传性智能和经验性智能，遗传性智能是阴子，经验性智能是阳子。阴子是基础，阳子是主导，人的智能是以遗传性智能为基础，以经验性智能为主导的阴阳合一体。这是第一层次的阴阳辨析。其实，动物也是如此。动物的智能也有两大类：遗传性智能和经验性智能，只不过它的两个智能都比人类低。动物的遗传性智能只有感觉和知觉，而没有理觉和悟觉；动物也会积累经验和技巧，而且经验和技巧也会提供给同伴和后代学习。人和动物的经验性智能都不会遗传给后代。现在进行第二层次的阴阳辨析。对阴子遗传性智能 [0] 继续进行辨析：以加工信息的方向为辨析尺度，将遗传性智能辨析为识觉智能和悟觉智能，识觉是阴子 [00]，悟觉是阳子 [01]。识觉是思台加工外界事物信息的智能，即认识和把握外界事物的外观形象、内部结构、性质、运动规律、与其他事物的关系等的智能；悟觉不是认识和把握外界事物的智能，而是指向自身的信息活动，即人的感悟、感动和意向的心理活动智能。识觉智能进化在先，悟觉智能进化在后，在先为阴，在后为阳。现在进行第三层次辨析：识觉是由感官觉和理觉辨析构成的阴阳合一体。识觉按照进化时间，分为感觉——知觉——理觉。感觉智能就是我们的眼、耳、鼻、舌、身等外感觉器官及内感官收集和加工信息的智能。它收集的信息是外界的原始信息。经感觉智能加工后的产品信息是一级产品信息。一级产品信息与原始信息是不同的。原始信息是外界事物的物理、化学等信息。这些信息经过感觉智能加工后就成为产品信息。这些产品信息不再是物理、化学等形式的信息，而是编码后的信息。这些编码信息存储在记忆库里。知觉智能是对一级产品信息进行加工的智能。通过知觉加工，使我们知道了外界事物的形状、大小、运动特征、与他物的关系等的经验。知觉加工得到的产品信息是二级产品信息，又叫作经验信息。动物只有感觉智能和知觉智能，将这两个智能合称为感知觉智能。理觉智能是对知觉的产品信息——二级产品信息进行再加工的智能，即分析事物的结构、性质、运动规律等的智能。理觉加工后的产品信息是三级产品信息。知觉智能只能认识事物的外观形象，理觉才能认识事物的本质。人类有非常发达的理觉，但一些动物，如猩猩和高级鸟类具有理觉的萌芽。悟觉是在理觉基础上进化而来的遗传性智能。悟觉不同于识觉，它是外界事物引起自己的感悟、体验，以及自己的目的、目标、计划等心智活动。悟觉也分为两大类：一是感悟类悟觉；二是意向类悟觉。感悟是指什么？是指外界事物作用于自己后，自己认为它是好的还是坏的？美的还是丑的？善的还是恶的或不良的？是公正的还是邪歪的？是我喜欢的？还是我厌恶的？根据这些感悟体验，悟觉就会采取相应的应对策略和措施，这些应对策略和措施就是意向类悟觉活动。所以，悟觉先感悟，然后在感悟的基础上产生意向和策略。所有动物都没有悟觉，悟觉是人和动物最彻底的分界线。人的精神结构，即人的阴本和阳展主要由悟觉建立。悟觉的意向智能还建立了一个计划自动提醒中心 JTX，将未来要做的活动存储在这个中心，这个中心就能基本准时地提醒思台进行有关的操作。

各智能工具在脑中都有对应的中枢。现在，视觉中枢、听觉中枢、嗅觉中枢等感觉中枢，在脑中的位置都已弄清，它们加工的产品信息就分别存放在这些中枢；但知觉、理觉、悟觉有没有对应的脑区？现在还没有明确的结论。但是，苏联学者鲁利亚提出了三大脑区的学说，与知觉、理觉、悟觉三大智能区还是比较吻合的。悟觉在脑的最前、最高处，理觉在悟觉区的后一点、低一点的位置，知觉在更低的位置。它们真的有相应的脑区吗？我的观点是，从进化的历史看，它们都应该有自己的脑区。知觉最先进化出来，在无脑动物中，它们的简单知觉功能在神经结集（如梯状神经节、索状神经节等）中，有脑动物的大脑出现了皮层，因而它们具有较高级的知觉功能。人从动物进化而来，动物大脑中的皮层组织在人脑中也有残留物，这个残留物就是人脑中的旧皮层。脑组织的进化总是一层一层加上去的，人脑的理觉功能应该在人脑的新皮层中；而悟觉是在理觉基础上进化而来的，悟觉功能区所在位置应该在新皮层的上面和前面，在新新皮层中。知觉、理觉、悟觉加工过的产品信息就分别存放在它们各自的脑区。人脑的中底部（如脑干）是生命中枢，而不是智能中枢。通过以上分析，我们就知道了记忆信息库中的信息是分别存放在脑中不同的智能区中。

以上说的都是遗传性智能❶。遗传性智能人人都具有，而且差别极小。至今还没有发现，人类各个种族的遗传性智能有很大差别的证据。所以，不存在所谓优等民族或低等民族的差别。经验性智能是通过学习、实践获得的知识、经验、技巧、方法等。经验性智能人际差别就比较大了，有的人经验很丰富、点子特别多、办法特别巧，善于解决难题。差别来自后天的学习和实

---

❶　关于人的智能，详见我的《人的特性和行为动力总机制》一书。此处只是摘录该书的结论。

践，来自是否勤于、善于注重方法问题。我们通过课本学习的理论知识，也是后天得到的，也属于经验性智能。所以，经验性智能也可辨析分为两类：一是知识性经验；二是实践性经验。我们解决实际问题，一方面要依靠知识，另一方面要依靠实践经验，但主要依靠实践经验方法。

4　灵智的明暗及思帐

在清醒状态下，通过反馈系统我们能知道自己所做的每一件事，所说过的每一句话。但是，有些思维活动却不能被自己觉知到。例如，你的孩子说："妈妈，你前天说给我买旱冰鞋的，你忘了吗？"你说："哎呀，我真忘了呢！"你不知道前天这句话是怎么记住的，你也不知道这句话何时会想起来。有些事我们很想记住它，但就是记不住；有些事我们没怎么想记住它，却记得很牢。我们常常突然想到某件事或某个人，这叫跳思，但我们不知道是怎么想到的。怎么记住的、怎么想起来的，这些我们都觉知不到。还有自入信息，尤其计划自动提醒中心的信息是怎么提醒我们的，我们都一无所知。我发现，凡涉及记忆库的操作，几乎都不能觉知。将不能觉知的思维活动功能结构做一个比方：思维幕帐。在思台与信息库之间犹如有一道幕帐，挡住了我们知晓思维的操作活动。因为这道幕帐总是挡住了知晓思台与信息库之间的操作过程，就将它称为固定幕帐，简称固帐（GZ）。将我们能觉知到的思维活动称为明灵智思维，将不能觉知到的思维活动称为暗灵智思维。显然，固帐前的思维活动都能被知晓，即都是明灵智思维；固帐后的思维都不能被知晓，即都是暗灵智思维。觉醒态下我们大量地、频繁地在思台与记忆库之间操作，但我们一点都不知道这些操作是怎么进行的，我们一刻都离不开暗灵智思维。

做梦时，我们能知晓梦剧的演出，但不知道梦导是怎么编剧创作的。而觉醒态下作家能知晓自己编故事搞创作的过程。将梦中自己不能知晓梦导编剧创作过程的情况也做一个比方：活动思维幕帐，简称动帐（DZ）。为什么称为活动思帐呢？因为这只是在做梦时才有的思维障碍，醒来后就没有了。那么，做梦时思台就有两种情况：梦导的编创过程被动帐挡住了，不能被我们知晓；但梦剧情节的演出能被我们知晓。清醒时我们看演出，舞台上的演出我们看得很清楚，但舞台后的情况却被幕布挡住了，我们不能知道舞台后的活动。这与做梦的情况非常相似：动帐前的演出，我们能知晓，动帐后梦导的创作不能被知晓。所以，动帐将思台分为前思台和后思台两部分，后思台的活动我们一无所知。

固定思帐和活动思帐虽然是个比方，但能解释许多思维现象，这说明在功能上它们是的确存在的。现在我们探究它们神经结构上的原理。固定思帐在思台与信息库之间，它指思台不能觉知自己与信息库之间操作的情况。为什么不能知晓呢？那么我们就先分析思台是怎么知晓自己说过的每句话、做过的每件事的。我们的言行是通过使动系而执行的，我们能知晓使动系执行思台所有指令的情况。为什么我们能知晓使动系的所有活动呢？那是因为使动系中分布着感觉神经纤维的缘故。也就是说，有感觉神经纤维分布的通道，它们的活动就能被我们所知。那么反过来说，没有感觉神经纤维分布的通道，它们的活动就不能被知晓。由此我们推断，在思台与信息库之间的神经网络通道中，没有分布感觉神经纤维，所以我们不能知道它们之间的操作。这一不能知晓的状况就是思维障碍，就是思维幕帐，就是固帐 GZ。固帐的存在使得人不能知道记忆、回忆、检索、跳思究竟是怎样进行的。

活动思帐的存在是另一种原理。因为它只在做梦时才出现，清醒时就没有了。那么睡眠态与觉醒态的最大区别是什么？觉醒态时灵动系统处于兴奋状态，睡眠态时灵动系统处于抑制状态，这就是它们的最大区别。活动思帐的存在必定与这个最大区别有关。也就是说，在睡眠时灵动神经系统的神经元的活动能量水平大幅降低，这使得感觉神经系统的功能受到了严重影响，即反馈系统的功能受到严重削弱。这一严重影响导致了思台对某些活动的知晓障碍。对睡着的人小声说话，他听不到；挪动他的手脚，他也不知道。为什么呢？因为睡眠中他的感觉神经的功能受到了严重抑制，反馈系统功能受到削弱，导致了知觉严重障碍。活动思帐的存在也是同一个原因，即睡眠中思台不能通过反馈系统知觉自己的编剧创作活动。

种种迹象表明，活动思帐犹如一个开关，它控制着觉知功能的操作。这个开关暂且称为魂关 HG，详见图 5。

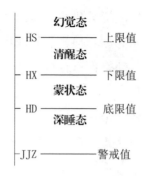

图5　魂关 HG 阈值图

　　灵动神经系统的神经元的活动在生理上有一个活动能量水平的区间值，称为灵动活动能量区间值，简称为魂关值（简记为：HGZ）。这个区间值在清醒状态下的值的范围是：

　　HS>HGZ>HX

　　即 HGZ 在上限值和下限值之间。将这个区间值称为灵动清醒活动区间值，简称清醒区间值，简记为 HG[S,X] 值。这个状态就是我们的清醒状态。

　　在将要睡入或将要醒来时的值是：

　　HX>HGZ>HD

　　HGZ 在下限值与底限值之间。这就是做梦时的灵动神经系统的活动能量水平值状态，将这个区间值称为蒙态值，简记为 HG[X,d] 值。

　　将 HGZ>HS 的状态称为超上值状态，简记为 HG[>S] 值。将 HGZ<HD 的状态称为超底值状态，简记为 HG[<D] 值。

　　现在灵动神经系统神经元活动的能量区间值有四种状态，即清醒态、蒙状态、超底态和超上态。在这四种状态中，只有清醒态下思台能分辨思台活动的真假虚实。在三种非清醒态下，思台都不能分辨真假虚实，发生了不辨虚实错误（简称虚实错误，记为：XSCW）。蒙态下，由于灵动系统受到广泛的抑制，其活动能量水平低于清醒值，使得思台不能分辨前思台上的活动（做梦的活动）是真的还是假的，而通常前思台活动都被思台觉知为真的。我们知道，梦剧活动被思台觉知的真，是虚假的真，我们将其称为虚真。所谓虚真，是指思台将思屏上显示的虚拟活动当成真实的活动。所以，梦活动是

176

虚真活动。超底态是深睡的状态，思台已经停止活动。最奇特的是超上态。它高于清醒魂关值的上限，人进入了一种幻觉状态。这种幻觉态有时只维持极短暂的时间，如一分钟或几分钟时间。在一个太过投入的精神状态下，有时人会进入短暂的超上值状态，短暂地分不清真假与虚实。这是幻觉性虚真状态。所以，人可能有两种虚真思维活动，即梦境虚拟虚真活动和幻觉性虚真活动。有的人看戏看得太认真、太投入，短暂地将戏台上的演出当成真实的事件了。有的人在迷信活动中，太过投入，也短暂地分不清真假虚实，将迷信对象当神灵了。有的人演戏演得太投入，将戏活动当真的活动了。有的人因为某种病理的或精神性的原因，长期处于幻觉状态，将这个状态下的人称为幻人。幻人根本分不清真假与虚实，将思屏上显示的所有活动都觉知为真实。给人服用致幻剂，就能使 HGZ 高于上限值 HS，人进入幻觉状态。活动思帐就是魂关值在 HD<HGZ<HX 时的状态，即蒙状态下的思维障碍。相对于思台的虚真活动是思台的实真活动。所谓思台的实真活动就是我们觉醒态下的真实活动，即醒阳展活动。这样，人的精神活动就有两种：一种是觉醒态下的真实的活动，即实真活动；另一种是蒙状态下的虚真活动。人之所以有实真和虚真两种思台活动，其主要原因在于魂关区间值的差别。魂关值在清醒态时，思台的活动是实真精神活动；魂关值在非清醒态时，思台的活动是虚真精神活动。现在的虚拟现实技术 VR 和增强现实活动 AR，就是要使用各种技术手段使人进入模拟的虚真状态。VR、AR 并不是真正进入虚真状态，而是模拟虚真状态，因为在 VR、AR 活动中，人清醒地知道自己是在做游戏。VR、AR 只是扰乱了感官感觉，而没有扰乱思台的主要活动。用虚拟现实活动概念还不能准确地表达梦活动的特征，最能表达梦活动特征的概念是虚真活动，因为人在清醒态也可以进行虚拟现实活动，却不能进行虚真活动。

魂关在脑中应该能找到其位置，这个位置也许是某个小小的脑区，也许是灵动系统的某种状态。致幻剂之所以能发挥作用，就是因为升高了魂关的活动能量值。同理，服用强力抑制灵动系统的药物，就能快速地降低魂关活动能量，使人进入沉睡状态。所谓给人催眠，就是使其进入蒙状态。这些药物的靶器官就是魂关所在位置。所以，活动思帐不仅仅是一种比喻，而是有其实体存在。

警戒值是动物和人的灵动神经系统都必须具有的最低活动能量值。它使动物和人在睡眠中保持最低限度的警戒水平。

5　思台运作探微

思台上的四大工具究竟是怎样对信息进行加工的呢？没有人讨论过这个问题，现在我来试试看。

思台运作的总则是以最高智能为主导以其他智能为基础的辨析运作。人的最高智能是悟觉，人的思台的运作就以悟觉为主导，以识觉为基础进行辨析运作。以悟觉智能为主导是什么意思？即凡事首先要经过悟觉的判断后，才执行下一步运作。人在应对人物或事件时，首先要判断他与自己（及自己所属组织）的关系，是有利的，还是有害的，还是关系不大的，自己感悟到他是善的还是不良的或恶的，是美好的还是丑陋的，是公正的还是邪歪的，等等，在做了一系列悟觉综合判断后，才作出应对的策略。在分析物时，首先要判断它是有用的还是无用的，然后才作出要不要继续应对它的策略。

动物也要作类似的判断，判断它是有利的还是有害的，是有用的还是无用的，然后再采取相应的策略。动物是凭本能判断，而不是凭悟觉判断。人既有本能判断又有悟觉判断。但人的本能判断极少表现，通常只在突遇险情时作出本能反应。除了突遇险情外，其他基本都是悟觉判断。

悟觉判断后作出了应对决策，发出了应对指令。思台的下一步工作就属于"技术性"的，即怎样来贯彻指令。第二步的工作主要是识觉的任务。人的识觉是认识事物、把握事物、利用事物和创造事物的智能，主要有感官觉、知觉和理觉，其中理觉起主导作用。感官觉负责收集原始信息并加工成一级产品信息，知觉负责把握事物的表面外观形象及其运动过程状况，理觉负责把握事物的内质，即把握事物的结构、性质、运动规律等经验性知识，理觉还负责创新。人的识觉负责两种性质不同的任务：一是经验性应对工作（阴子）；二是创新性工作（阳子）。在人们的生活和工作中，要处理的任务基本分为两大类：一类是应对性的；另一类是创新性的。应对性任务只要凭经验就能很好地完成，这可以利用感觉、知觉和理觉智能。创新性任务就要将经验和创造性智慧结合起来，只有理觉才能解决问题。在做了"技术性的"的分析后，就能在悟觉指明的方向上，作出决策了。思台决策决定后，就向使动系统发出指令，使动系统就向相关器官发出言语或行动的指令。

任务完成后，悟觉和理觉还要通过反馈系统反馈的信息进行检查和评审，悟觉会根据检查和评审的结果，作出下一步的决策。

梦其实就是命题剧本创作和演出。命题是由梦点和近期的心情联合给出的，当然以心情为核心。以心情为核心，这也是悟觉功能的体现。至于梦情节的创作，那是"技术性"的了，可以充分发挥理觉、知觉的本领，编出千奇百怪的梦剧来。小说作家利用的各种创作手法，梦导都可以采用，因为两者都是人脑功能的体现。孙悟空可以七十二变，梦导也可以有七十三变、一百〇八变，好莱坞可以制作出更多的科学幻想剧来，梦导也可以创作出各种匪夷所思的幻想剧来。所以，对梦的奇幻一点都不要感到奇怪。

请读者注意，我用灵动神经系统功能结构假说顺利地阐释了人的思维过程、觉知过程等，这是在摒弃了"意识"概念的基础上阐释的。摒弃意识概念，是一个极其重大的学术事件。既往的所有心理学著作、哲学著作都不能给意识概念以准确的定义，任何一个学术权威给意识所下的定义，都无法得到学界的共识。但是，既往的学者又找不到其他的概念来代替意识概念，只能继续极其混乱地使用着意识概念。关于意识概念，在我的《人的特性和行为动力总机制》一书中有详细的阐述，对此有兴趣的读者，可以去看看。

三　人为什么会做梦

本章讨论的是梦的发生论，即人为什么会做梦，做梦对于人究竟意味着什么。所以本章探索梦的由来、梦的本质。梦的发生论，学术界已有各种观点和认识，本书提供一个新的观点，供读者和学者参考。

1　灵动神经系统的周期振荡现象

人体的整个神经系统中有一部分通常不受意识的指挥，它们自动地运行。例如，指挥内脏、心血管、平滑肌、体液运作的神经是自动运行的，它们被神经解剖学称之为植物神经系统，本书称其为自动神经系统。除了自动神经系统以外的其他神经系统称为灵动神经系统。灵动神经系统包括人的思维神经系统、指挥人的言语和行为的神经系统。人是以自动神经系统（ZDX）为基础，以灵动神经系统（LDX）为主导的阴阳合一体。神经解剖学家对 ZDX 和 LDX 的生理结构和功能进行了多方面的研究，两者的宏观解剖结构均已经基本弄清。但它们的功能及功能是如何发挥出来的，还没有全部弄清，尤其对灵动神经系统的功能及其发挥的研究还远远不够。灵动神经系统的功能发挥出来究竟指什么？就是指人的精神活动。前文说过，"精神"这个概念最好用"人魂"概念来替代它，因为人魂概念已有明确的定义：以阴本为基础，以阳展为主导的阴阳合一体。灵动神经系统是人的生理结构，这个结构的功能发挥出来，就是人脑中的信息加工活动，而脑中的信息加工活动就是人的精神活动，就是人魂的活动，就是人的灵魂在活动。结构与该结构的功能的关系遍布于宇宙的所有物体中。有什么样的结构，就有什么样的功能。是人的 DNA 结构就会孕育出人，是狗的 DNA 就会孕育出狗，两者差别的根源就在于 DNA 的结构不同。人的灵动神经系统结构的功能发挥出来就是人的精神（灵魂）活动。你不用问，为什么种瓜就能得到瓜，种豆就可以得到豆；你也不用问，为什么质子数多一个或少一个，一个元素就变为另外一个元素了，元素的性质就大不相同；你也不用问，同是碳元素物质，为什么会有物理性质相差极大的金刚石、石墨、木炭三种不同的物质；同样，你也不用问，为什么人的灵动神经系统的功能显现出来的就是人的精神活动，人的灵魂的活动。结构与功能的关系，没有任何科学可解释，我们只需承认这个事实就行了。我们研究某个事物，就是要研究它的结构是怎样的，它有哪些功能，各个功能之间有什么关系，结构的微小变化对哪些功能有影响、有什么样的影响，等等。从这里，我们知道了人的精神活动是人的灵动神经系统的功能的显现。这是精神唯一的来源。人的精神来源问题是一个极其重大的问题。它没有别的来源，就意味着它不是上帝或别的什么神灵赋予的。

　　灵动神经系统是生理结构，在生理上它有自己的生理运作规律，其最基本的生理运作规律就是觉醒态与睡眠态的交替，并以连续周期振荡形式而存在。将觉醒态简记为觉态（或称醒态）J，将睡眠态简记为眠态 M。

　　图 6 是灵动神经系统以 J-M 大周期运作的振荡图，纵轴是灵动系统神经元的活动能量水平值的高低。J 大约是 16 个小时，M 大约是 8 个小时。觉醒

态是动态，睡眠态是静态，动为阳，静为阴，所以，睡眠态是阴子［0］，觉醒态是阳子［1］。显然，人的灵动系统的大周期节律是人的灵动系统顺应地球昼夜节律而进化来的。这与地球所有陆生生物为顺应地球昼夜节律而进化出自己的觉醒态—睡眠态的节律是一样的道理。但各种陆生生物物种的觉醒态—睡眠态大周期节律不一致，有的昼出夜伏，有的昼伏夜出，节律的时间长短也不尽相同。

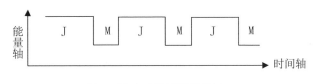

图 6　灵动系统周期振荡图 1

　　大周期中又有小的周期。无论觉态或眠态，都由工作态 Z 与休息态 X 构成。

　　例如，觉醒态 J［1］，就是由觉醒态下的工作态 Z［11］与觉醒态下的休息态 X［10］构成的。Z［11］－X［10］是醒态下的次周期，或称次相态。Z［11］是有责任活动态（YZT），X［10］是无责任活动态（WZT）。有责态就是工作态，无责态就是工作以外的活动，例如，吃饭、散步等。白天这两种状态是交替进行的，最起码要分上午、下午、晚间三个阶段，呈现周期振荡状态。注意，灵动神经系统的有责态与无责态的活动是有差别的。有责态是紧张的状态，消耗大量的能量，产生大量的神经工作生理垃圾。其中如果有高度紧张的活动（如考试、下棋、指挥战斗、格斗等），消耗的能量更多，产生的神经工作生理垃圾也更多。如果心脏供血不足，补充能量不及时，那么势必影响灵动神经系统的运作效率和准确率。如果生理垃圾处理能力不足，也会极大地影响灵动神经系统的运作。灵动神经系统在大 J 周期，虽然一直是清醒的，但也不能一直做有责活动，也必须休息一下。这是觉醒态下小幅度的 Z-X 周期的重复，也是周期振荡的。为什么觉醒态下，又要有工作态与休息态的交替呢？因为灵动神经系统不能一直处于有责态，否则负担太重，生理上受不了。

　　在大 M［0］周期，即睡眠态，灵动神经系统也是以小幅度的 Z-X 周期振荡形式而运作的，即由眠态下的工作态 Z [01] 与眠态下的休息态 X [00] 构成。Z [01] – X [00] 是眠态下的次周期，或称次相态。Z [01] 是有梦态（YMT），X [00] 是无梦态（WMT）。整个睡眠态 M [0]，就由有梦态 Z [01] 与无梦态 X [00] 交替进行，也呈现周期振荡状态。为什么睡眠状态也由工作态与休息态构成呢？如同白天不能一直处于有责态工作，睡眠中也不能一直处于休息态 X [00]。灵动神经系统在睡眠中不能连续停止工作（休息）太长时间，休息久了，就需要活动一下，睡眠中灵动神经系统的活动，就是做梦。深睡久了也会产生神经生理垃圾，它是神经休息生理垃圾，也需要清理一下，调节一下。睡眠专家用仪器检测到，一个小的周期 X [00] 为 70~120 分钟，平均 90 分钟，Z [01] 为 5~20 分钟。按此计算，一个晚上 X [00] – Z [01] 有 4~5 个小周期。从小周期的时间长短看，无梦态 X [00] 持续的时间是有梦态 Z [01] 持续的时间的 9 倍。其中道理很浅显，因为睡眠态是以休息为主，以活动为辅的周期。可见，做梦的时间很短。

两个幅度最大的周期即 J [1] – M [0] 周期、觉醒态的几个幅度小的周期 Z [11] – X [10] 周期、睡眠态的几个小的周期 Z [01] – X [00] 周期，还有幅度更小的周期（Z′ – X′）即 Z [111] – X [110]、Z [101] – X [100]、Z [011] – X [010]、Z [001] – X [000] 等都是生理健康所必需的，都是进化过程中逐步固定下来的，见图 7。

J M J M J M

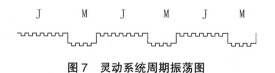

图 7 灵动系统周期振荡图

灵动神经系统的大周期 J–M 的振荡是由生物钟控制的，次大周期 Z–X 的振荡分两种情况，睡眠中的有梦态与无梦态的周期基本是生物钟控制的，白天的次大周期不是生物钟控制的，而是人为控制的。由生物钟控制的周期应该是灵动神经系统的生理健康所必需的。在觉醒态下，白天我们不要轻易变动这些周期，晚间我们也要遵循这些周期，这才有益于健康。睡眠中的周期振荡是生物钟自动控制的，我们（思台）管不了。但是，你必须明白，无论有梦或无梦眠，都是健康所必需的，缺少任何一个周期都不利于健康。西方科学家曾经做过睡眠剥夺实验，将整个睡眠态 M 剥夺，那还得了，从第三天开始，人就开始恍惚，站着都会想睡，时间再久，人的精神就开始紊乱。也有人做过只剥夺有梦眠 Z〔01〕的试验，即被试者一开始做梦❶，就叫醒他。剥夺有梦眠时间久了，人的记忆力、工作效率也都显著下降。这些试验都表明，灵动神经系统的生理周期中的任何一个周期都是不能被剥夺、被打乱的，都是生理健康所必需的。这就是说，做梦是健康所必需的。以往有的人认为，做梦影响了睡眠，影响了大脑的休息，现在我们知道了，这种认识是错误的。

从灵动神经系统的周期振荡看，我们发现，灵动神经系统不能一直长时间地处于某种状态，既不能一直长时间处于工作态，也不能一直长时间处于休息态，而必须以工作态与休息态交替进行的周期振荡形式而存在。这是为什么呢？其原因必定是，灵动系统无论工作或休息都会产生生理垃圾。工作态会产生工作垃圾，休息态会产生休息垃圾，而垃圾不利于灵动神经系统的运作和健康。如果长时间处于某种状态，这种状态的垃圾就会越积越多，副作用也就越来越大。所以，必须缩短周期运转时间。

现在讨论灵动神经系统作息产生的生理垃圾问题。灵动神经系统的神经细胞无论工作或休息，都会产生相应的生理垃圾。这是灵动系统神经元的新陈代谢等生化过程造成的。先看肌肉细胞的工作和休息情况。你以百米速度向前冲刺，你能以这个速度跑一万米吗？不能；能跑一千米吗？也不能；能跑两百米吗？还是不能。为什么呢？你跑完百米后，一定有某种东西强力降低了肌肉的收缩能力。这个东西是什么？就是生理垃圾，就是肌肉细胞工作时产生的生理垃圾。再看肌肉细胞在休息态的情况。肌肉骨骼系统工作久了，就需要休息，但是也不能休息太久，否则也会产生休息生理垃圾。躺久了、坐久了，人也受不了，会感到腰酸腿痛，休息越久腰酸腿痛就越厉害。是什么东西使人腰酸腿痛呢？是肌肉骨骼系统休息时产生的休息生理垃圾。科学家已经找到了肌肉工作生理垃圾叫作"肌酸"，是一种化学物质，它会降低肌肉的收缩和放松的能力。现在分析灵动神经系统的神经细胞情况。灵动神经系统高强度的工作，例如，紧张的考试、下棋等活动，不能保持太久时间。

---

❶　科学家早就知道，人做梦时，眼球会快速运动，将这个现象称为快眼动周期，记为 REM 期。所以，当观察到被试者睡眠中眼球快速动的时候，就表明他在做梦，此时叫醒他，就剥夺了他的梦活动。

紧张的脑力活动结束后，脑子会感到昏沉沉的，有时会感到发胀，甚至疼痛。是什么东西使脑子感到发胀、昏眩呢？一定是灵动系统神经细胞工作时产生的生理垃圾。灵动神经系统不仅不能高强度地工作太久，即使一般的工作状态，也会产生工作垃圾。工作垃圾会阻止工作态继续进行，工作垃圾堆积多了，人就想睡觉了。如果强行剥夺睡眠，工作垃圾越来越多，这些垃圾会对灵动神经系统的细胞产生毒害作用，强行剥夺睡眠太久，灵动神经系统产生的工作生理垃圾严重地毒害了灵动系统的神经细胞，便会发生精神分裂。这已经有实验证实了。灵动神经系统也不能睡眠太久，不过睡得太久的情况一般不会发生，因为到时就会自动醒来，所以我们很难分析睡眠态产生的生理垃圾对人的影响。但可以肯定，睡眠会产生睡眠生理垃圾，这种垃圾会阻止睡眠过程再延续下去。神经系统的工作是依靠神经冲动的传导和传递进行的。神经冲动传递是依靠神经递质释放进行的。本书第二章 5 "灵感梦"之梦例三列举了这个例子，洛伊为此获得 1936 年诺贝尔奖。神经递质有很多种，但乙酰胆碱（ACh）是主要的。乙酰胆碱与突触后膜受体作用后，被胆碱酯酶（AChE）水解为胆碱和乙酸，胆碱能被重新利用合成乙酰胆碱，但乙酸却不能被重新利用，❶ 它就成为神经工作垃圾。参与灵动系统神经细胞工作的神经递质还有好几种，如儿茶酚胺类（多巴胺等）、氨基酸类（γ-氨基丁酸等）、5-羟色胺（5-HT）等，它们工作时同样会产生各自的工作垃圾。蒙尼尔（M・Monnier）1964 年找到了家兔灵动神经系统的工作生理垃圾，它被称为 "δ 睡眠诱导肽"（δ 是希腊字母，读 "德儿塔"），是由 9 个氨基酸组成的肽，分子量是 848.93。1967 年帕彭海默尔（J・R・Papperheimer）找到了山羊的灵动系统工作生理垃圾，分子量在 350~500。科学家经过大量实验发现，灵动系统神经细胞生理垃圾是活性胺、多肽、蛋白质类等化学物质。❷ 灵动系统神经细胞工作生理垃圾是通过剥夺睡眠找到的。剥夺动物睡眠，只让它们醒着，灵动系统细胞就一直工作着，工作垃圾就越积越多了。工作垃圾的作用就是阻止工作态继续进行，而将灵动系统转为睡眠态。所以，工作垃圾又称为 "睡眠因子"。通过睡眠将 "睡眠因子" 转化为别的化学物质，进

❶ 王玢，左明雪. 人体和动物生理学 [M]. 北京：高等教育出版社，2010：59.
❷ 欧阳仑，王国琪. 梦 [M]. 西安：陕西人民教育出版社，1988：59.

行解毒。灵动系统细胞休息生理垃圾还没有找到，因为人会自动地醒来。如果使用药物使人持续深睡，很可能带来严重后果。持续昏迷几天醒来后，灵动系统的活力极大地减弱了。我认为是休息生理垃圾减弱了灵动系统的活力。

我要再次分析灵动神经系统的"汞动现象"。附录二分析了白天灵动神经系统的汞动现象。那么，睡眠态中有汞动现象吗？前文说过，睡眠态是由有梦眠与无梦眠两个次相态构成的。把这两个态视为振荡现象，或视为汞动现象，都行。有梦态灵动神经系统呈现汞动现象是很容易理解的；但是，无梦眠态，灵动神经系统有汞动现象吗？它已停止工作了，还有汞动现象吗？我要告诉我的读者，无梦眠态也有汞动现象的发生！只不过汞动的幅度很小而已。活着的灵动神经系统绝不会完完全全地停止一切活动，因为那样实在太危险。所有动物都是如此！这就是前文讲的 Z[001] – X[000] 更小的周期。自然界的任何一种动物，无时无刻不处在危险中，即使睡眠，灵动神经系统也要保持一定的警惕度，否则，必死无疑！我们可以用家禽家畜来做个试验；你悄悄地接近正在睡眠的已成年的狗或鸡，看能不能捉住它。自然界的动物在睡眠中必定要保持警惕。原始人也时刻处在危险中，他们睡眠时，灵动神经系统也必须保持一定的警惕度，否则必将大难临头。我们是从原始人进化而来的，原始人的灵动神经系统的这种活动机制也自然地保留下来了。现代人所处的安全环境是动物无法比拟的，也是原始人无法比拟的，虽然如此也不是绝对安全的。当我们睡觉时，灵动神经系统也保持着一定的警惕度，如果外界有较大的动静，我们会马上惊醒过来。当然，人的灵动神经系统的警惕度远远低于动物，因为我们的环境远比动物所处环境要安全得多。灵动神经系统的汞动现象对动物和人来说，是适应环境的需要而进化出来的，对生存起着莫大的作用。

2　梦的由来

不管是觉醒态或蒙态，灵动神经系统要活动了，要工作了。灵动神经系统要工作是什么意思？就是要想问题了，思台要加工信息了。白天要加工的信息来源很多，思台的悟觉智能首先要进行整理，哪些先做，哪些后做，还要处理临时发生的问题。思台白天要加工信息不愁没有信息来源。可是睡觉了，信息从哪里来？思台没有加工对象是不能开展工作的，这如同工厂没有加工原料，机器不能空运转一样。睡眠中思台接收的第一种信息加工对象是来自内外感觉器官发出的刺激信息。睡眠中，如果身体内部发生了刺激（尿胀了、大便胀了、性激素活跃了，等等），这些内刺激信息会上传给思台。思台会对这些刺激信息进行加工。睡眠中的思台活动是虚真活动，思台会根据这些内刺激信息，进行梦剧的创作和演出，所以做尿梦、大便梦、情爱梦了。如果身体受到外界的刺激（鼻子堵了、胸口被重压了、脚手伸到被子外受凉了，有人故意用鸡毛在睡者的鼻子上刺激了，等等），这些外刺激信息也会发给思台，思台会根据这些外刺激信息进行虚真活动，创作和演出各种各样奇怪的梦剧来。这样的梦剧就是刺激类梦剧。

如果睡眠中没有上述的内外刺激信息时，思台就要到信息库里搜来信息，然后进行加工，创作梦剧。这样的梦剧就是兴奋类梦剧。思台从信息库搜信息有两种可能：第一种可能指信息库处于主动状态，灵动神经系统开始活动时，信息库与思台同时活跃起来，信息库中的兴奋度高的信息自动跳出来，通过自入信息3通道进入思台，而成为梦点。心情信息还是要由思台自己去信息库搜索；第二种可能指信息库处于被动状态，此时思台先要自己到信息库找启动信息来加工。信息库被动是指，思台不发搜索指令，信息库就不搜索。在这种可能中，思台向信息库发出搜索指令4，信息库将兴奋度高的一些信息4'发回思台，这些信息就是兴奋点信息，其中兴奋度最高的信息就成为梦点；与此同时，思台还要搜索今天、昨天（近期）关注某些事项所引发的心情、认识、情感等。有了梦点信息和心情信息，思台就可以开展虚真思维活动了，它的虚真工作就是虚拟现实地创作梦剧和演出梦剧。以上就是兴奋梦的由来。

按做梦时间分，兴奋梦有三种：睡入梦、中间梦、醒来梦。

有梦态YMT所做的梦是有区别的。将要醒来时做的梦叫醒来梦，最后一次的醒来梦是最容易记住的梦，是很值得分析的梦。刚入睡时做的梦，被称为睡入梦。当然，第一个梦是更值得分析。很可惜，睡入梦很难记住。如能记住第一个梦，它一定比最后一个梦更精彩，意义更大，因为它通常是接着白天的任务继续工作的。那几位科学家、发明家如门捷列夫、埃利亚斯豪等有重大发现的梦，都是在沉思中入睡时做的，他们被梦中重大的发现惊醒了，并且马上记录下来。睡入梦和醒来梦都是睡眠态与觉醒态交界时间段发生的，都是半睡半醒状态（我称之为蒙状态）时做的梦，将这两种梦称为临界梦。在这两种梦的中间做的那些梦，称其为中间梦。中间梦不是半睡半醒态做的梦，而是深睡与浅睡的交界期做的梦，是灵动神经系统不认真工作时编创的梦剧。这与白天工作久了，需要休息一下一样，此休息时脑中也会想问题，这是灵动系统的"汞动现象"，此时想的问题也许是可有可无的，是不认真想的问题。中间梦也是思台不认真想的问题，是无责任的工作。这种状态下思台的散漫思维活动，其思维流在信息库里到处自由地闲逛，或许将某件遥远的过去事件搜出来了，创作了一个遥远回忆的梦剧。睡入梦是接替白天工作的，刚刚睡入时，信息库中的强兴奋点信息（如研究课题信息）通过自入信息3通道进入思台，思台接着白天的思维流继续工作，意义最重大。这是灵动系统有责任、认真工作的梦活动态。醒来梦是干什么的呢？思台知道（因为已经半醒）快要醒来了，昨天（最近）有哪些事情今天需要引起注意呢？思台通过前文分析的信息库的两种可能获得梦点信息和心情信息，而开始梦剧的创作和演出。那些科学家、发明家在醒来梦中，也可能围绕他的攻关难点做梦，因为攻关事件也可能成为今天的梦点和心情。所以，他们在醒来梦中也可能获得灵感。醒来梦与睡入梦一样，也是认真工作态。只有中间梦是不认真工作态。这与白天的有责态、无责态是一样的机制。

思台的工作大致分为认真工作态和不认真工作态两种状态，或如前文所说，分为有责态和无责态两种，显然，有责态是阳子，无责态是阴子。思台活动无论觉醒态或梦态，都是以无责态为基础，以有责态为主导的阴阳合一体。有责态是紧张工作态，无责态是放松态，无责态是用来调节思台生理状态的。科学家通过实验室研究发现，做梦时，除了肌肉外，眼球、血流等都与白天很相似。放松是为了更好的工作，工作也为了更好的放松，因为从某种角度说，放松也是人的目的之一。

关于人的睡眠机制，科学家们有各种各样的观点。欧阳仑和王国琪所著《梦》中，列举了八九种睡眠机制的观点，其中第一种就是"近似昼夜的节律现象"，但书中并没有分析各种周期。我的下述观点还没有人注意到：我认为，两种状态的交替过渡不是突变的，而是逐渐过渡的，即状态的过渡有一个过程。这个过程是跨界过程，即跨在觉醒态与睡眠态之间。灵动系统在跨界态下，是半睡半醒的状态，梦就发生在跨界过程中。所以，我的梦生理发生论可称为跨界生梦论，或称蒙态生梦论。当然，我的观点仅是诸多观点中的一种，不一定正确，写在这里供读者参考。

3 梦的本质

白天思台的有责工作都是有目标的，每天大量处理的目标大多是具体的、紧急的、有时是重要的事项，而这些日常处理的目标都隐含在一个最大的和几个次大的目标之中。这些大的目标都在阴本之中，其中最大的目标就是主本，次大的就是次本。也就是说，白天思台的有责工作都是围绕主本、次本、次次本进行的。那么梦中思台工作有无目标？除了无责的中间梦以外，临界梦（睡入梦和醒来梦）都是有责的。既然是有责的，那就也要有目标，这个目标就是梦的中心规则所指出的，反映梦者的心情、认识、有关的情感等。这些心情如同白天的有责工作一样，大多也是具体的、紧急的、有时是重要的事情引起的心情。这些目标也是包含在阴本中。白天的有责工作是以阴本为依据，主人将自身所处的社会条件和自身条件结合起来，直接地或变通地表达阴本中的某些需要或信仰，表达出来的言行叫阳展。那么，梦剧的创作和表演也是以阴本为依据的，它也要根据自身的条件来表达阴本中的某些需要或观念，表达出来的言行也叫阳展，但这是梦中表达出来的阳展，称其为梦阳展。那么，白天的阳展就叫醒阳展。两种阳展都是以同一个阴本为依据，都是根据自身所处的内外条件来直接地或变通地表达阴本中的某些需要或观念。由于两种阳展表达时的外在条件和自身条件的差异，使得两种阳展看上去大相径庭，甚至风马牛不相及，其实它们的本质都是一样的，即都是表达阴本中的某些需要或观念。这就是梦的本质。早就有人说过，每个人在社会中都在扮演某些角色，每个人都在社会大剧中演戏。我们在梦中演戏时，不知道自己在演戏，是虚真活动。我们在社会大剧中演戏时，是实真活动，但剧场太大了，时间太长了，剧情太复杂了，有时我们自己也不知道是在演社会大戏。

醒态阳展和梦态阳展的巨大差异来自两者在表达阴本时所处的条件不同。醒阳展所处的外部条件是真实的社会和自然，所具有的内部条件是自身所拥有的真实的社会能量（财力、社会关系资源等）及自身的能力（包括智力能力和体力能力，其中智力能力包括知识经验和实践经验），人们总是将内外条件结合起来表达自己的阴本。梦阳展所处的内外条件是什么呢？睡眠中，所有真实的社会制约和自然制约，包括时间和空间的制约，都不存在了，即真实的两种制约都不存在了。它具有的内部条件是什么呢？就是自身的智力能力（包括知识经验和实践经验），而这个能力就是自身的领悟能力、想象能力、构思能力、推理能力及处理问题的能力等。能力和经验相结合，就可以表达阴本了。但是，自身拥有的智力能力在睡梦中与在觉醒态下也是有差别的，这个差别就是两种状态下，灵动系统神经细胞的活动能量水平不同。白天，灵动神经系统处于兴奋状态，其魂关区间值是 $[S,X]$，即上限值与下限值之间，智能的效率及准确率都处于最好状态；睡眠中它处于抑制态，其魂关区间值是 $[X,D]$，即下限值与底限值之间，灵动系统神经细胞的活动能量水平受到限制，其效率和准确率都大受影响。睡梦中，梦阳展没有了外部真实的社会条件和自然条件的制约，思台就可以凭借自身具有的想象能力、构思能力、推理能力等来"自由地"表达梦的主题，表达阴本。但思台受到了内部条件的限制，使得思台分不清真实与虚幻，分不清清醒与睡眠，它只能进行虚拟的虚真活动。可见，两种阳展的巨大差异就来自两者所处的外部和内部条件的不同。

思台可以轻易地从信息库中搜索到相关的环境信息，来构筑梦剧的舞台背景。梦点、心情、舞台布景都有了，一出模拟剧就可开始虚拟地上演了。没有了现实的羁绊，思台在心情规则的指导下，插上想象的翅膀，如天马行空，极其自由地翱翔在思维的天空，将它的想象能力、触类旁通能力、角色变换能力、比拟能力等，令人眼花缭乱地在梦剧舞台上表演出来了，使既是演员又是观众的"我"的心情、情感、关注等得到了表达，即"我"的阴本中的某些需要或观念得到了表达，而这个表达就是梦中的阳展。由于阴本相同，梦阳展表达的需要和观念中所包含的目标、情感、道德自律水平等都与醒阳展没有多大区别。有人说，梦扭曲地表达了一个人，此话恐怕不妥。之所以有这种说法是因为，当梦中角色替换了，自己代替别人，或别人代替自己在梦中演出时，误将演出角色都认为是自己了。当互动的角色被替代时，如果醒来后分辨不清，就可能引起误会。总之，不了解梦的秘密，可能会带来许多误解。

但梦的主要任务是模拟醒阳展，即模拟白天的活动。什么叫梦阳展模拟醒阳展？就是梦剧变换形式地重现醒阳展，重现白天的活动或活动时的心情变化过程。梦导为什么要做重现、重演白天的活动呢？那么我们首先想问，在白天的清醒活动中，人们会做重现、重演真实的活动吗？人们白天同样会做重现、重演现实的活动，而且乐此不疲！这种重现、重演真实的活动，就叫艺术。一切艺术都是重现、重演的真实活动。艺术家们用各种形式、各种手段乐此不疲地进行形式多样的重现、重演的活动，广大的观众们更是乐此不疲地欣赏这些重现、重演艺术。梦是艺术活动之一，所以，梦活动与所有艺术一样是重现、重演真实活动的。但是梦艺术与其他艺术也有不同之处。例如，影视艺术是剧本作者、剧目导演、演员、观众四者（简称"影视四员"）协作的活动，而梦艺术是集剧本作者、导演、演员和观众"四员"身份于一身的奇特艺术活动。其最大不同之处在于，梦艺术是虚真艺术活动，而其他艺术是实真艺术活动。实真影视艺术作品的"四员"都知道作品在模拟地虚拟地反映真实生活，而虚真艺术作品的梦导和观众却不知道自己在模拟地虚拟地反映生活，而以为自己真的在从事真实的生活活动，将假的当真的，将虚的当实的了。既然梦剧属于艺术，梦艺术与其他艺术就有许多相同之处，其中与影视艺术相同点更多。例如，影视艺术是用虚拟方式来反映真实生活的，梦艺术也是用虚拟方式来反映真实生活的。影视艺术都是先有剧本，然后根据剧本进行表演的，梦艺术也是这样的程序。每件影视作品都有主题，那么每件梦艺术作品也有主题，这个主题就是梦剧的主题。影视艺术是视觉和听觉的艺术，梦艺术也是视觉和听觉的艺术，影视艺术用屏幕、音响设备将演员的表演放映出来让观众欣赏，梦艺术使用思台屏幕上的图屏和声屏让内视和内听的感知觉智能来欣赏。影视艺术使用的各种艺术手法，也被梦导采用。两种艺术阳展的活动模式是相同的。所以，梦活动与所有的艺术活动一样，是重现、重演真实活动的艺术之一。

人们为什么乐于欣赏这些重现、重演的艺术活动呢？我想，这可能是人类智能自我欣赏的需要吧？看体育竞赛，也是人类在欣赏自我体力能力的极致展现的需要所致吧。明白了思台进行重现、重演活动的原因，也就明白了梦剧重现、重演活动的来历。所以我说，梦活动就是艺术活动，是人类所有艺术活动之一。

四　梦的研究综述

人是由肉体活动与精神活动辨析构成的阴阳合一体，肉体活动是阴子，精神活动是阳子。阴子是基础，阳子是主导。所以人是以肉体活动为基础，以精神活动为主导的阴阳合一体。人的精神活动的载体是人的神经系统。人的神经系统是以自动神经系统（内脏运动神经系统）为基础，以灵动神经系统（除自动神经系统以外的所有神经系统）为主导的阴阳合一体，自动神经系统是阴子，灵动神经系统是阳子。

人的灵动神经系统有一个最基本的特点：它不能长时间地处于同一种状态中，否则将因此危害自己的健康。为此，灵动系统以自己的神经元活动能量水平值的波动节律的形式存在着。其波动节律有大的周期和小的周期两种基本节律。大的周期是人的灵动系统顺应地球昼夜节律，以清醒态 J 和睡眠态 M 为基本相态的交替进行的形式存在着。清醒态 J 大约 16 个小时，睡眠态 M 大约 8 个小时。所以，灵动系统的活动就有醒态下的活动和眠态下的活动两种。清醒态是灵动系统的兴奋态，睡眠态是灵动系统的抑制态，所以灵动系统活动就分兴奋态活动和抑制态活动两种。

在大的周期 J-M 节律中，灵动系统分别又有小的节律的工作态 Z 和休息态 X 的交替节律。在清醒态大 J 周期中有 Z[11]-X[10] 的小节律，在睡眠态大 M 周期中，有 Z[01]-X[00] 的小节律。其中，X[00] 大约为 90 分钟，这是深睡态；Z[01] 为 5~20 分钟，这是睡眠中的工作态，是灵动系统自身的调节活动。梦活动就是 Z[01] 节律的活动，即睡眠态下的工作活动。这是灵动系统为保护自己的健康而形成的节律活动。

人的灵动神经系统的活动就是人的思维活动，就是人的精神活动。灵动系统在清醒态下的活动就是我们白天的生活和工作的活动,灵动系统在眠态下的活动就是做梦。梦活动是灵动系统以眠态下的生理活动为基础,以眠态下的精神活动为主导的阴阳合一体。所以,本书从灵动系统在眠态下的生理和精神两方面对梦活动进行了比较全面的研究和探讨。

1 梦的生理活动研究

对梦活动的生理方面的研究分为梦生理活动的现象和动力两方面。梦生理现象研究是测量睡眠中人的血压、心率、脑电波、脑血流、皮肤电、眼球运动、听觉、体温等。梦生理动力研究,本人提出了灵动系统思维功能结构假说。现在分述如下。

(1) 梦生理发生论

在附录三中讨论了梦的发生原理。梦活动实质上是灵动系统在睡眠周期中的调节活动。在睡眠周期中,灵动系统不能一直停止工作深睡5~8个小时,期间必须要活动一下。灵动系统的活动就是思维活动,精神活动。睡眠周期中灵动系统的调节活动,就是梦活动。每晚的睡眠都需要调节活动,所以每晚都会做梦。梦活动原来是灵动系统的生理调节活动,所以不能缺少,更不能被剥夺。

梦活动是蒙态下的思维活动,精神活动。既然是精神活动,就受精神本体的主导,就被阴本与阳展的辨析关系所主导。每个人只有一个精神本体,所以醒态和蒙态的精神本体是同一个。这意味着两者的阴本是相同的。但阳展却有差别,因为阳展要根据内外条件来变通地表达阴本。醒态下灵动系统处于兴奋态,神经元活动的能量很充足,思台运作的效率和准确率都高;但是,蒙态下灵动系统处于抑制态,神经元活动的能量低,思台运作的效率和准确率都低。神经元能量低,所以梦剧创作和演出必须遵照最简设计规则,能省则省,能简则简。灵动系统效率低,意味着梦剧只能是很简单的创作和演出。因为梦活动是睡眠中的调节活动,时间只限于5~20分钟,所以梦剧不能太长。睡眠中梦点往往比较多,因为白天关注、惦念的事较多。这些梦点根据兴奋度进行排队,每个梦点依次等待思台提取而创作梦剧。所以,一次梦活动往往是多个独立梦剧连续上演。灵动系统运作准确率低，导致了不辨真假错误。所以，梦活动只能是虚真精神活动，而且是很简单的虚真精神活动。

（2）梦生理动力研究

梦活动在生理上是灵动系统在蒙态下的信息加工、加工成品的储存及显示等活动。为了解释人脑的信息加工过程，本书在附录二中提出了人脑思维功能结构假说。这个结构假说是以思维平台（思台）为核心来构建的。思台是人脑信息加工的场所。思台犹如电脑的CPU，围绕思台，有许多信息流的出入口I/O，如信息输入通道、信息显示装置、信息输出通道、信息执行装置、信息反馈装置、情感参与及情感反馈通道、信息储存等装置，还有生理支持装置等。这个功能图中的每个输入/输出装置都极端重要。思维屏幕（思屏）是一个重要装置。所有的思维对象，例如，人物事物的形状、文字、声音等都在思屏上显示出来而被我们所知。思屏只有两种：一是图屏；二是声屏。人是用语言来思维的，不借助图像和声音在思屏上显现，人是无法正常思维的。我们所说的梦剧演出舞台，就是思屏。使动系统是又一个重要装置之一，它执行来自思台的命令，使肌肉、骨骼等活动起来。使动系统在神经解剖上是指神经节或中间神经元。图中只画了一个使动系统图框及一个向下通道11。其实神经节有很多个，每一个神经节都有自己向下的通道。所以通道11实际是由很多个神经纤维共同组成的，犹如多芯光纤电缆一样。睡眠中由于灵动系统受到了抑制，使动系统向下的通道11被关闭，使得执行器官不能动作。这是梦中喊不出、跑不动、尿不出的生理原因。当然，睡梦中也不是使动系统所有向下通道11都关闭了，其中还有少数芯线没关闭，例如，可以翻身、抓痒等。反馈系统极端重要，它是知晓自己已经进行过的思维和行为的通道。正因为知晓已过思维和行为，才能对思维和行为做出调节，才能展示出人的灵动和智慧来。反馈系统实际上就是感觉神经系统，由上行感觉神经纤维构成。情感系通道往往被忽视，其实也很重要。情感系给思台运作提供背景，它通过通道8和17与思台密切联络，使得思台所有运作都带上感情色彩。情感系统还有一个更重要的通道18，是灵动系统与自动系统相互作用的唯一通道。这个通道主要由内分泌系统构成。指挥内脏运动的自动系统的运作通常是不受灵动系统影响的，但阴阳辨析告诉我们，阴子与阳子不是彼此独立的，而是相互作用的。附录二中已经做了阐述。思维幕帐是个十分奇特的结构。它是指思维障碍或思维缺陷。它分固定幕帐（固帐）和活动幕帐（动帐）两种。固帐在信息库与思台之间，使得我们不能知晓记忆与回忆的操作过程。固帐实际上是指在信息库与思台之间没有感觉神经纤维的结构，或者说在信息库与思台之间没有反馈系统。我们知晓思维和行为是通过感觉神经的反馈进行的。固帐将思台分为明和暗两种状态，能知晓的是明，不能知晓的是暗。所以，灵动系统状态有明灵动状态和暗灵动状态，前者称为明灵智，后者称为暗灵智。也就是说，灵动系统的活动有明灵动活动和暗灵动活动两种。动帐只在梦境中存在，之所以称其为活动幕帐，是因为清醒后它就不存在了。这是蒙态下神经元的活动能量低造成的。动帐将思台分为前思台和后思台，思维屏幕（思屏）在前思台上。梦导在后思台的创作和导演等操作因为被动帐遮挡，不能被"我"所知。更为严重的是，"我"以为思屏上的活动是真实的活动，将虚拟的当成真实的了，导致不辨真假的严重错误。

思台内最主要的构件是思维工具，即加工信息的工具。信息加工工具就是我们的智能。人的智能由遗传性智能和经验性智能辨析构成，遗传性智能是阴子，经验性智能是阳子。人是以遗传性智能为基础，以经验性智能为主导进行思维的。人类的遗传性智能在人类物种的民族间和个体间中比较平均。个体间不是没有任何差异，差异一定是存在的，但差异一般只表现在兴趣、关注点等方面，而不是表现在进化等级上。现在没有任何证据能表明民族间的智能进化等级有明显差异。哪怕是同时代文化最落后民族的个人与文化最先进民族的个人，他们的遗传性智能方面也没有明显差异。但是，民族间、个体间的经验性智能的差别就比较大了。人类高于其他灵长类动物的智能主要是理觉和悟觉，其中悟觉将人类与灵长类动物做了彻底的划分。悟觉是人类与所有动物最彻底的分界线。识觉是指向和把握外界事物的智能，悟觉是指向自身和把握自身的智能。人类的识觉由感知觉与理觉辨析构成，感知觉是阴子，理觉是阳子。灵长类动物及高级鸟类有理觉的萌芽，人类有极其发达的理觉。除了灵长类动物及高级鸟类外，其他动物只有感知觉而没有理觉。所有动物，包括灵长类动物都没有悟觉。悟觉由感悟悟觉和意向悟觉辨析构成，感悟悟觉是阴子，意向悟觉是阳子。人的精神本体——精神大厦就是由悟觉智能建构的。

人的思维功能结构假说是一种前人没有进行过的科学探索，我觉得它可以比较满意地解释我们在清醒态和梦眠态的所有思维和行为。但它肯定不完善，还需要不断修正。这个假说的更大意义是打开了研究思维结构的大门。

(3) 梦生理现象的研究

梦的实验室研究。在前言中已经指出过，梦既是精神现象又是生理现象。我们已经从精神上详细地分析了梦中人的精神活动就是思维平台虚拟现实的梦剧演出，并建立了一整套梦剧理论以及人的精神大厦结构假设。

揭开梦的秘密是人类的重要研究课题之一，历来受到人们的关注，自然也进入科学家的视野。世界上有多所大学设立了研究梦的实验室，用 X 线断层摄像仪、高性能神经断层摄像仪等现代化设备对梦进行研究，获得很多研究成果。现在，我将从书本上及网上收集的内容简单地予以介绍。

法国里昂梦学实验室的神经生物学家米歇尔·儒韦是梦学研究的国际知名专家，儒韦 1959 年把有梦定义为"反常睡眠"。他通过脑电图测试发现，人每隔 70~120 分钟（平均 90 分钟）就有 5~20 分钟的有梦睡眠（快动眼期，用 REM 期表示），仪器屏幕上反映的信号不同，显示了人在睡眠中大脑活动的变化。如果在脑电图的电波上显示无梦睡眠（非快动眼期，用 NREM 期表示）时把接受测试的人唤醒，大多数被试者会说没有梦境；假如在显示有梦睡眠时唤醒他，大多数被试会记得刚刚做的梦。此外，研究人员采用 X 线断层摄像仪测试发现，大脑在有梦睡眠阶段的图像接近于清醒时的图像。有趣的是，研究人员用仪器进行测试发现，做梦不是人类特有的现象，鸟类和所有的哺乳类动物也都会做梦。20 世纪 70 年代末，一位科学家通过老鼠实验发现，有梦睡眠还和记忆有关，做梦的老鼠比被剥夺有梦睡眠的老鼠更能记住经验，但是这一研究结果并不适用于人类。儒韦认为，做梦是由遗传基因决定的，他把老鼠有梦睡眠中发出的信号码进行比较，发现相同亲缘系统的老鼠有近似的信号码，这一理论又被前不久美国科罗拉多大学研究员布尔加的一项试验证实。布尔加对同卵双胞胎进行了研究，发现生下来后就被不同地方的两个家庭分别抚养大的双胞胎竟然有相似的做梦经验，由此证明，人的梦境表现是遗传记忆。

另外，美国《科学周刊》上有一篇关于做梦研究的最新报告，报告的作者华盛顿神经科学研究院和马里兰州博才斯达国家卫生研究所的合作小组通过一台高性能神经断层摄像仪为十多个接受实验的人进行测试，发现被试者在有梦睡眠阶段大脑皮层的这个特定区域的血液循环异常加快，研究人员们由此发现，大脑中负责看梦中景象和看外部视觉景象的视觉神经系统原来是各自独立存在的。报告说，看梦的内视系统被证实独立存在以后，就能够解释为什么我们在梦中会有扩大的情感，为什么能接受那些不合理的古怪情节以及紊乱的时空观念。

2010 年 5 月 27 日，陈锡林先生关于梦的文章：

研究证明：梦是 REM（快动眼期）时的特征。在 REM 期，仪器自动唤醒受试者，80% 的人诉说正在做梦，且人物、情景逼真，故事性强。这一发现很有意义，因为 REM 期，人体的代谢过程和大脑皮层细胞活动与正常活动差不多。而在 NREM（非快动眼期）叫醒只有 7%～10% 的人正在做梦，且内容是一些支离破碎的东西，鲜明的较少。其实人人晚上都要做梦。在一夜的睡眠周期中，在接近清醒期的最后一个 REM 持续时间最长，且是直接进入清醒期而不再转入 NREM 期的。因此，在这最后一个 REM 期，如果做梦，梦境就清晰而能回忆。NREM 和 REM 均可直接被唤醒而转为觉醒状态。那些自称很少做梦的人，其实只是很少从 REM 睡眠直接醒转而已。连续数夜的 REM 睡眠剥夺可致精神障碍的出现，这些证明 REM 睡眠是不可缺少的，间接提示做梦的重要性。心理学认为，睡眠的功能在于使人做梦，即把做梦作为睡眠的主要功能之一或另一种意识状态。梦究竟是如何产生的？它起着什么作用？有的还存在异议，有的仍然是一个谜。

科学家在实验室中进行梦生理现象的研究，取得了一些共识。这些共识如下：

人在每晚的睡眠中，每隔 90 分钟，就有一个 5～20 分钟的做梦时间。那么，一个晚上的睡眠就有 4～5 个大周期。通过实验发现，做梦时，眼球快速地转动，脑电波与清醒时几乎是一样的。科学家就将这种快动眼期称为 REM

期。那么，睡眠中眼球没有快速转动的时间就是非快动眼期，它记作 NREM 期。那么能不能就此将 REM 期称为有梦眠期、将 NREM 称为无梦眠期呢？大部分有关著作中就是这样认为的，这好像是共识。但还有一些著作报道：当眼球快速转动时唤醒被试者，大多数（约 80%）被试者会说在做梦。相反，在 NREM 阶段唤醒被试者，只有少数（7% ~ 10%）被试者说在做梦。这就是说，REM 期并不是百分之百的人说在做梦，在 NREM 期，也不是百分之百的人说没有做梦。可见，并不能将 REM 期与有梦眠期等同，也不能将 NREM 期与无梦眠期等同。我没有参与过这些实验，不能妄下结论。有著作报道，在一夜的睡眠周期中，在接近清醒期的最后一个 REM 持续时间最长，回忆的梦境也最清晰。这与我的研究一致。还有一些科学家根据人的脑电图中最基本的四种波形（α 波、β 波、θ 波和 δ 波）及波形的变化、某些脑区的血流变化来研究睡眠和做梦。还有一些科学家深入脑中的一些神经核团，发现网状神经、中缝核、蓝斑核以及神经递质在人的睡眠——觉醒的生理机制中的作用。但各个角度的研究还没有统一起来给梦生理活动做一个完整的描述。

关于梦的发生时间。

上文告诉我们，经过实验室研究，梦发生在 REM 期，即快动眼期，每隔 90 分钟左右就有一次 REM 期。这样计算，人每晚做梦 5 次左右。实验室研究发现，人的睡眠由 REM（快动眼期）与 NREM（非快动眼期）构成，而 NREM 是无梦期，应该是深睡期。而我在附录二关于魂关值的讨论中提出了蒙状态概念，认为梦就发生在蒙状态期。我的观点与科学研究是矛盾的吗？我认为不矛盾。我将大脑状态分为睡眠与清醒两种，是基于阴阳论而来的。睡眠期是阴子 [0]，清醒期是阳子 [1]。在阴阳转换期就是蒙状态，是梦的发生期。而实验室研究，只针对睡眠期，发现了 REM 快动眼期与 NREM 非快动眼期两种状态，并发现了梦发生在快动眼期。科学研究与我的观点不仅不矛盾，而且还发现了阴子睡眠期可以进一步再分出阴阳，即阴中之阴 [00] 和阴中之阳 [01]，REM 是阴中之阳 [01]，NREM 是阴中之阴 [00]。这是阴阳论应用的非常有趣的例子。实验室研究表明，一晚上四五个梦中，只有最后一个梦，即醒来梦最清晰，这与我的观点不谋而合。

2 梦的精神活动研究

人在蒙态下的精神活动就是梦剧的创作和演出的活动。这个活动在思屏舞台上演出而被梦者知晓。梦者在思屏舞台上看到的演出就是梦境。梦剧的演出是蒙态下的人的精神活动的阳展，是精神活动的现象，其背后受阴本控制。人的精神活动不是随意的活动，而是有目的、有计划、有技巧的高度自觉的活动，其目的、计划来自他的精神本体。精神本体就是精神活动的动力来源。因此，研究梦的精神活动，就分为梦的精神活动的本体和精神活动的现象。梦的精神活动就是由精神本体与精神现象辨析构成的阴阳合一体，也就是阴本与梦阳展辨析构成的阴阳合一体。其实，醒态下人的精神活动也是其精神本体与精神现象辨析构成的阴阳合一体，是阴本与醒阳展辨析构成的阴阳合一体。两者的阴本是相同的，两者的阳展有差别：一是梦阳展；一是醒阳展。蒙态和醒态的精神本体是同一个结构。现在分别讨论蒙态下的精神动力和精神现象。

(1) 梦的精神活动动力的研究

在附录一中建立了人的精神本体结构。这个精神本体就是人的行为动力总机制，（正常）人的所有思维和行为都来自这个本体。这个行为动力总机制的建立可谓来之不易，花了我 20 多年的时间。现在简单介绍。

人的所有思维和行为都是有目的的，目的来自人的精神本体——行为动力总机制。人的精神本体是由人的所有需要和所有观念辨析构成的阴阳合一体，需要是阴子，观念是阳子。阴子是基础，阳子是主导。所以，人的精神动力就是以需要为基础，以观念为主导的阴阳合一体。人的需要是明的，是别人知道的；人的观念是暗的，往往不被别人知道。所以，人的需要可称为明需要，人的观念展示可称为暗需要。这是精神本体的第一层次的辨析。阴阳辨析是可以连续阴阳下分辨析的。对阴子——人的明需要进行辨析：人的明需要是由与动物同似的需要和人类特有的需要辨析构成的阴阳合一体，与动物同似的需要就是求生需要，人类特有的需要就是求美的需要。对阳子——人的暗需要（观念需要）进行阴阳下分辨析：人的暗需要是由人的生活理念暗需要和人的信仰暗需要辨析构成的阴阳合一体，前者是阴子，后者是阳子。以上是第二层次的辨析，得到了 4 个爻子（$2^2 = 4$），它们分别是求生需要、求美需要、生活理念暗需要和信仰观念暗需要。对第二层次的 4 个爻子，还可以进行第三层次的辨析，会得到 8 个爻子（$2^3 = 8$）。以此类推，会得到 16、32、64、128、256、512、1024、2048、4096……个需要和观念。这是一个不断向下辨析生成的在理论上有无限多个层次的分形金字塔。这就是人的精神本体，精神大厦，即人在醒态和蒙态下的所有思维和行为的动力结构。具体见我的即将出版的另著《人的特性和行为动力总机制》一书。

　　人的精神本体是辨析层次清楚、阴阳关系紧密的巨大建筑物。人的所有思维和行为的动力皆出自这个本体。所以，这个动力总机制又可称为人类社会密码。在如此多样和复杂的需要或观念中，哪个是最主要的？这个问题是由悟觉来处理的。悟觉将某种观念作为当前或今后一段较长时间内最重要的观念来对待，这个观念叫主本。在当前或今后一段较长时间内，主本主导了人的所有思维和行为。当然，有主本就有次本、次次本。主本观念与紧急处理的需要是不同的概念，不能将两者混为一谈。那么，人是怎样决定主本的呢？或者说悟觉是怎样决定主本的呢？悟觉有一个最主要的特性——悟觉的玄量性特性。悟觉就是根据它的玄量性特性选择主本的。关于悟觉的玄量性也请参阅《人的特性和行为动力总机制》一书。

　　（2）梦的精神活动现象的研究

　　梦的精神活动现象就是梦剧的创作和演出。关于梦剧理论，已在第一、二、四章中做了探索和总结了，此处不再重复了。

后　记

　　读完本书第一、二章的读者，可能很想自己来解自己的梦了。但必须要解决几个问题，你才能解梦：第一，必须学会记录梦，这是解梦的前提。请你再看看第四章第六、七节；第二，必须要在近几天内找到梦点及与梦点相关的心情；第三，既要学会正向解梦法，还要学会反向解梦法。有的梦好解，有的梦还是很难解的。要从本书的梦例解析中学会解梦的多种思路，提高解梦的技巧。从我的经验看，只要将梦境记录完整了，再根据本书的方法，读者必定能逐步学会解梦的。

　　我当初研究梦，只是因为看了弗洛伊德的书以及我能找到的其他梦著，我还是不会解梦。我的推理解梦法给世人提供了一个与权威梦论完全不同的解梦方法及梦理论，供世人比较、参考。读者已经看完了全书，你可以试试，其他梦著现在你还能不能再看得下去，并由此做出自己的评价，因为每个人都是梦活动的创作者、亲身参加者、体验者，都有资格对各种梦论的正确与否做出自己的判断和评价。我的梦论颠覆了历史上所有的梦论，能不能得到学者们的肯定，恐怕需要几年的时间。学者们经过理论上和解梦实践上的比较，会得出自己的结论。历史上，一种开创性的、革命性的理论提出之初，总是面临当时权威理论的继承者们最猛烈的反击。哥白尼的日心说挑战统治地位的地心说，极其惊心动魄，日心说的拥护者布鲁诺还被烧死在鲜花广场。达尔文进化论提出时，遭到了强烈的反击，展开了一场激烈的大论战，进化论的拥护者赫胥黎遭到了围攻。爱因斯坦相对论提出的当初，受到了物理大师们的强烈嘲笑，认为他是疯子。我的推理解梦理论会不会遭到精神分析学家——弗洛伊德梦理论的继承者们的猛烈抨击，也未可知。不过，有论战才精彩。

　　推理解梦理论的诞生告诉我们，不要被某些西方社会科学权威理论、经典理论所束缚。我们要有文化自信，总是跟着西方文化后面亦步亦趋是谈不上中华文化复兴的。我们当然要尊重权威理论、经典理论，但不要将它们当作不可逾越的顶峰而被震慑、窒息。

从梦例的推理解析中，我们发现了梦导构思梦剧的奇特思路变化万端、层出不穷，完全超越了我们白天的惯性思维牢笼。梦导的超惯思维能使科学家、发明家、艺术家在梦中获得灵感取得极大成就，我们大众能不能从中有所启发、有所利用呢？我希望有兴趣者继续探索超惯思维，以推动人类的进步。

本书能顺利出版，要特别感谢知识产权出版社及编辑韩婷婷女士。

参考书目

［1］傅文录. 梦与科学［M］. 北京：中国医药科技出版社，2003.

［2］［奥］弗洛伊德（S·Freud）. 梦的解析［M］. 丹宁，译. 北京：国际文化出版公司，1996.

［3］欧阳仑，王国琪. 梦［M］. 西安：陕西人民教育出版社，1988.

［4］王玢，左明雪. 人体和动物生理学［M］. 北京：高等教育出版社，2010.

［5］晋光荣，李涛. 临床神经解剖学［M］. 南京：东南大学出版社，2009.

［6］尹文刚. 神经心理学［M］. 北京：科学出版社，2007.

［7］车文博. 意识与无意识［M］. 沈阳：辽宁人民出版社，1987.

［8］谢华. 黄帝内经［M］. 北京：中医古籍出版社，2000.

［9］［美］詹姆斯·R. 路易斯，伊芙琳·奥利弗. 解梦大全［M］. 刘勇军，译. 重庆：重庆出版社，2010.

［10］米嘉文. 解梦自查［M］. 北京：中国华侨出版社，2010.

［11］［比利时］米杉. 梦的真相［M］. 倪勇奇，译. 北京：世界图书出版公司，2010.

［12］方刚. 精神我析［M］. 北京：中国华侨出版社，1999.

［13］诸葛君. 解梦全书［M］. 北京：中国城市出版社，1999.

［14］杨先艺. 艺术概论［M］. 北京：清华大学出版社，2009.